深度强化学习实战：
用 OpenAI Gym 构建智能体

[印] 普拉文·巴拉尼沙米（Praveen Palanisamy）

洪贤斌 汤奎桦 译

武 强 王金强 审校

Hands-on Intelligent Agents with OpenAI Gym

人民邮电出版社

北 京

图书在版编目（CIP）数据

深度强化学习实战：用OpenAI Gym构建智能体 /
（印）普拉文·巴拉尼沙米（Praveen Palanisamy）著 ；
洪贤斌，汤奎桦译. -- 北京：人民邮电出版社，2023.6
ISBN 978-7-115-56159-6

Ⅰ．①深… Ⅱ．①普… ②洪… ③汤… Ⅲ．①软件工
具－程序设计 Ⅳ．①TP311.561

中国版本图书馆CIP数据核字(2021)第048696号

版 权 声 明

Copyright ©Packt Publishing 2018. First published in the English language under the title *Hands-on Intelligent Agents with OpenAI Gym* （9781788836579）.
All rights reserved.

本书由英国 Packt Publishing 公司授权人民邮电出版社有限公司出版。未经出版者书面许可，对本书的任何部分不得以任何方式或任何手段复制和传播。
版权所有，侵权必究。

- ◆ 著　　　　　[印] 普拉文·巴拉尼沙米（Praveen Palanisamy）
  译　　　　洪贤斌　汤奎桦
  审　校　武　强　王金强
  责任编辑　吴晋瑜
  责任印制　王　郁　焦志炜
- ◆ 人民邮电出版社出版发行　北京市丰台区成寿寺路 11 号
  邮编　100164　电子邮件　315@ptpress.com.cn
  网址　https://www.ptpress.com.cn
  北京市艺辉印刷有限公司印刷
- ◆ 开本：800×1000　1/16
  印张：11.75　　　　　　　2023 年 6 月第 1 版
  字数：224 千字　　　　　2023 年 6 月北京第 1 次印刷
  著作权合同登记号　图字：01-2018-8080 号

定价：69.80 元
读者服务热线：（010）81055410　印装质量热线：（010）81055316
反盗版热线：（010）81055315
广告经营许可证：京东市监广登字 20170147 号

内容提要

这是一本介绍用 OpenAI Gym 构建智能体的实战指南。全书先简要介绍智能体和学习环境的一些入门知识，概述强化学习和深度强化学习的基本概念和知识点，然后重点介绍 OpenAI Gym 的相关内容，随后在具体的 Gym 环境中运用强化学习算法构建智能体。本书还探讨了这些算法在游戏、自动驾驶领域的应用。

本书适合想用 OpenAI Gym 构建智能体的读者阅读，也适合对强化学习和深度强化学习感兴趣的读者参考。读者应具备一定的 Python 编程基础。

致中国读者

能让中国的朋友们读到这本关于构建智能体的书，我感到非常荣幸！希望你们都能从中受益，享受到阅读这本书的乐趣。欢迎通过我的 Twitter 账户@PraveenPsamy 联系我。

Praveen Palanisamy

向我亲爱的母亲 Sulo 致敬，感谢她的无私奉献和为我所做的一切！

向我的父亲致敬，感谢他对我的支持和爱护！

向所有披星戴月、一路前行的生命致敬！

作者简介

感谢那些为 OpenAI Gym 和 PyTorch 开源做出贡献的人。感谢 Packt 团队，特别是 Rushi、Eisha 和 Ishita，感谢他们在整个写作过程中给予我的帮助。

普拉文·巴拉尼沙米（Praveen Palanisamy） 专注于研究自主智能系统。他是通用汽车研发部门的 AI（人工智能）研究员，主要负责针对自动驾驶开发基于深度强化学习的规划和决策算法。在此之前，他在卡内基-梅隆大学机器人所从事自动导航的研究（包括可移动机器人的感知与智能），曾从零开始研发一个完整的、自动的机器人系统。

审校者简介

Sudharsan Ravichandiran 是一名数据科学家、研究者、人工智能爱好者和 YouTube 栏目作者（请搜索"Sudharsan reinforcement learning"）。他毕业于印度的安娜大学，拥有信息技术学士学位，主要关注深度学习和强化学习的实际实现，包括自然语言处理和计算机视觉。他是畅销书 *Hands-on Reinforcement Learning with Python*（Packt 出版社出版）的作者。

译者简介

　　洪贤斌　西交利物浦大学与英国利物浦大学联合培养的机器学习方向的博士生，主要研究方向为终身机器学习。曾担任苏州谷歌开发者社区组织者，热衷于分享机器学习及 TensorFlow 相关知识。热爱在线教育，是 CSDN 金牌讲师，曾作为优达学城助教及 Coursera 课程翻译，通过线上课程认识新的朋友。邮箱地址为 derekgrant01@gmail.com。

　　汤奎桦　茄子快传视频推荐算法工程师，曾负责多个基于深度学习的推荐系统，在推荐和广告系统有多年工程经验。热爱新思维和新技术，致力于强化学习在推荐和广告方向上的新应用。邮箱地址为 tkuihua@gmail.com。

中文版审校者简介

武强 兰州大学博士、电子科技大学博士后，微软全球机器学习专家（MVP），谷歌全球 AI 开发专家（GDE），主要从事人工智能和复杂网络的交叉研究，已发表论文 16 篇（包含 SCI 顶刊论文、IEEE 交通会议最佳论文，ICML 人工智能顶级会议论文），申请发明专利 8 项（6 项为第一发明人），授权 4 项，参与 1 部人工智能教材的编写。

王金强 兰州大学博士研究生，研究方向为深度强化学习和自动驾驶，目前已发表 SCI、EI 论文 5 篇。

译者序

近年来人工智能的火热，很大程度上始于 2016 年 AlphaGo 与围棋大师李世石的世纪对决。深度学习和强化学习作为人工智能的核心支撑技术，已成为当今主流的机器学习算法，并在视觉检测、语音识别、机器翻译等领域取得了令人瞩目的成果。作为强化学习与深度学习的结合体，深度强化学习在机器人控制和无人驾驶等领域有着举足轻重的地位。

强化学习起初只作为不起眼的章节出现在机器学习类图书的最后一章，极少有专门的图书对其进行讲解。时至今日，关于强化学习的译作已不在少数，其中不乏结合 Python、TensorFlow 和 PyTorch 等框架平台的技术实践教程。本书介绍的 OpenAI Gym 是在强化学习领域有着中流砥柱地位的重要代码框架和训练平台。OpenAI Gym 内置了大量成熟的强化学习环境，如工业机械臂、魔方机器人、多足 MuJoCo 机器人和令人着迷的雅达利（Atari）游戏。不仅如此，OpenAI Gym 还支持扩展，可以兼容更多第三方的优秀环境，例如 CARLA 驾驶模拟器、星际争霸 II 和 Dota 等。对于星际玩家或者 Dota 玩家来说，能为自己热爱的游戏开发 AI 模块，恐怕是一种特别的情怀或者一生的梦想。有了这些环境，你不用浪费时间自己去搭建环境，只需专注于算法的优化。对于一名从业者来说，这无疑会节省大量宝贵的时间。即使你只是一名普通的爱好者，这些环境也能为你极大地降低学习门槛。

本书共 10 章，将系统介绍强化学习和 OpenAI Gym 的用法。我们将先介绍强化学习的基础知识和术语，然后介绍 OpenAI Gym，以及如何使用其中的 700 余种学习环境。从第 5 章起，我们会真正在具体的环境中进行强化学习算法的开发。如果你热衷于无人驾驶，请务必认真学习第 7 章和第 8 章中的 CARLA 驾驶模拟器和相关算法。游戏开发爱好者则绝对不能错过第 9 章，因为其中有非常多的经典游戏等待你的探索。如果你专注于强化学习方面的学习，我想你一定不会错过第 10 章关于更多算法的探究。

感谢人民邮电出版社责编王峰松和吴晋瑜老师的帮助，感谢两位审校者的辛勤付出，也感谢朱嘉珉博士提出的专业建议和校对帮助。

在本书翻译过程中，我们深感相关专业术语及知识点的繁杂，翻译实属不易，虽经反复校对，恐仍有不足或错漏之处，还望广大读者不吝指出。与此同时，出于对质量的把控，优秀的译作往往难以及时面世，原书与译作的面世时间常间隔一年甚至更长，对学习者来说是一个很大的阻碍。即使经过认真翻译，很多词汇由于语言文化上的差异，也很难找到对应的中文词汇，从而造成理解上的困难。由此，真切希望更多读者能够努力提高自身英语水平，尽可能地对照阅读原作，加强对内容的理解，也恳请更多有能力的读者加入译者队伍，贡献更多优秀的译作。

洪贤斌　汤奎桦

前言

本书旨在引导你利用所有重要的模块去实现自己的智能体,解决离散或连续值的序列决策问题,并在过山车、车杆平衡、先进的自动驾驶模拟器 CARLA 等多样的环境中体验开发、调试、可视化、定制化和测试智能体的过程。

读者对象

如果你是学生、游戏/机器学习开发者或者人工智能爱好者,想用 OpenAI Gym 接口与学习环境去构建智能体和算法以解决多样的问题,那么本书是不错的选择。如果你想学习如何基于深度强化学习的智能体解决你所关心领域的问题,那么本书也是非常有帮助的。

本书涵盖了上述你需要了解的基本概念和大部分 Python 相关的应用知识。

本书内容概述

第 1 章介绍了 OpenAI Gym 工具包的重要性。OpenAI Gym 工具包可用于创造人工智能体,以帮助你解决一些系统任务、游戏和控制任务。学完本章,你会对如何利用 Python 在 Gym 环境中创建实例有足够的了解。

第 2 章简明扼要地阐释强化学习相关的术语和概念。学完本章,你将对实现人工智能体的基本强化学习框架有一个良好的认识,还将了解一些深度强化学习的知识和能够解决前沿问题的算法。

第 3 章主要介绍如何完整安装 OpenAI Gym 学习环境,以及如何安装深度强化学习所需要的工具和库,例如用于深度学习开发的 PyTorch。

第 4 章主要介绍 Gym 所包含的 700 余种学习环境的分类和命名,以帮助你选择正确的环境版本和种类。学完本章,你将了解如何探索 Gym,体验自己感兴趣的环境,理解不同环境的接口和描述。

第 5 章介绍如何使用强化学习让智能体解决过山车问题。通过训练、观察智能体这些实现细节，你可以运用所学知识去开发和训练智能体，以解决不同的任务或完成游戏制作。

第 6 章涵盖多种实现 Q-Learning 的方式，包括使用深度神经网络的动作-值函数近似、经验回放、目标网络和必要的相关实用工具，以及常用于训练和测试深度强化学习智能体的组件。学完本章，你能实现一个基于深度 Q-Learning 网络的智能体，做出最优化离散控制的决策，可以训练智能体玩一些 Atari 游戏，并观察它的性能。

第 7 章介绍如何将真实环境问题转化为 OpenAI Gym 可以兼容的环境。学完本章，你将了解如何分析 Gym 中的环境，能够基于 CARLA 模拟器创建自己的定制环境。

第 8 章介绍基于策略梯度的强化学习算法基础，以帮助你直观地理解深度 n 步优势算法。学完本章，你可以用同步和异步深度 n 步优势算法实现一个可以在 CARLA 中学会自动驾驶的超智能体。

第 9 章展示其他一些可以帮助你训练智能体的优秀学习环境套件。学完本章，你将理解和学会使用多种环境，例如 Roboschool、Gym Retro，以及非常受欢迎的星际争霸 II——PySC2 和 DeepMind Lab。

第 10 章介绍了深度强化学习算法的一些内容。学完本章，你会了解 3 类深度强化学习算法，即基于演员-评论家的深度确定性策略梯度（Deep Deterministic Policy Gradient，DDPG）算法、基于近端策略优化（Proximal Policy Optimization，PPO）的策略梯度算法以及基于值的 Rainbow 算法。

学习前提

要想更好地学习本书所涉及的内容，你应先掌握本书所涉及的程序语法、模块安装、库安装所需要的 Python 相关知识，并能熟练运行基本的 Linux 或 macOS X 命令，如在文件系统中定位和运行 Python 脚本。

体例约定

本书常用的习惯性写法。

黑体：表示新的术语名词、重点注意的词。

代码以如下形式显示：

代码以如下形式显示：

```
#!/usr/bin/env python
import gym
env = gym.make("Qbert-v0")
MAX_NUM_EPISODES = 10
MAX_STEPS_PER_EPISODE = 500
```

对于需要引起注意的代码，我们会以加粗样式显示：

```
for episode in range(MAX_NUM_EPISODES):
    obs = env.reset()
    for step in range(MAX_STEPS_PER_EPISODE):
        env.render()
```

命令行代码输入或输出会按以下格式：

```
$ python get_observation_action_space.py 'MountainCar-v0'
```

 警告或者重要提示的标志。

 提示或者技巧的标志。

资源与支持

本书由异步社区出品，社区（https://www.epubit.com）为你提供相关资源和后续服务。

勘误

作者和编辑尽最大努力来确保书中内容的准确性，但难免会存在疏漏。欢迎你将发现的问题反馈给我们，帮助我们提升图书的质量。

当你发现错误时，请登录异步社区，按书名搜索，进入本书页面，单击"发表勘误"，输入勘误信息，单击"提交勘误"按钮即可（如下图所示）。本书的作者和编辑会对你提交的勘误进行审核，确认并接受后，将赠予你异步社区的 100 积分。积分可用于在异步社区兑换优惠券、样书或奖品。

扫码关注本书

扫描下方二维码，你将会在异步社区微信服务号中看到本书信息及相关的服务提示。

与我们联系

我们的联系邮箱是 contact@epubit.com.cn。

如果你对本书有任何疑问或建议，请你发邮件给我们，并请在邮件标题中注明本书书名，以便我们更高效地做出反馈。

如果你有兴趣出版图书、录制教学视频，或者参与图书翻译、技术审校等工作，可以发邮件给我们；有意出版图书的作者也可以到异步社区在线投稿（直接访问 www.epubit.com/

contribute 即可）。

如果你来自学校、培训机构或企业，想批量购买本书或异步社区出版的其他图书，也可以发邮件给我们。

如果你在网上发现有针对异步社区出品图书的各种形式的盗版行为，包括对图书全部或部分内容的非授权传播，请你将怀疑有侵权行为的链接发邮件给我们。你的这一举动是对作者权益的保护，也是我们持续为你提供有价值的内容的动力之源。

关于异步社区和异步图书

我们的联系邮箱是 contact@epubit.com.cn。

如果读者对本书有任何疑问或建议，请发邮件给我们，并请在邮件标题中注明本书书名，以便我们更高效地做出反馈。

如果读者有兴趣出版图书、录制教学视频，或者参与图书翻译、技术审校等工作，可以发邮件给我们；有意出版图书的作者也可以到异步社区投稿（直接访问 www.epubit.com/contribute 即可）。

如果读者来自学校、培训机构或企业，想批量购买本书或异步社区出版的其他图书，也可以发邮件给我们。

如果读者在网上发现有针对异步社区出品图书的各种形式的盗版行为，包括对图书全部或部分内容的非授权传播，请将怀疑有侵权行为的链接通过邮件发给我们。这一举动是对作者权益的保护，也是我们持续为读者提供有价值的内容的动力之源。

关于异步社区和异步图书

"异步社区"是人民邮电出版社旗下 IT 专业图书社区，致力于出版精品 IT 技术图书和相关学习产品，为作译者提供优质出版服务。异步社区创办于 2015 年 8 月，提供大量精品 IT 技术图书和电子书，以及高品质技术文章和视频课程。更多详情请访问异步社区官网 https://www.epubit.com。

"异步图书"是由异步社区编辑团队策划出版的精品 IT 专业图书的品牌，依托于人民邮电出版社近 40 年的计算机图书出版积累和专业编辑团队，相关图书在封面上印有异步图书的LOGO。异步图书的出版领域包括软件开发、大数据、人工智能、测试、前端、网络技术等。

异步社区

微信服务号

目录

第 1 章 智能体与学习环境入门

欢迎来到第 1 章！在本书中，你会了解到 OpenAI Gym 的相关知识，继而开启一段奇妙的旅程。同时，你将与其他读者一起了解先进的人工智能技术。我们会带领你完成多个有趣的项目，例如开发无人驾驶汽车、研发超越人类的雅达利（Atari）游戏智能体等，让你获得强化学习和深度强化学习方面的实战经验。学完本书，你将能够利用人工智能在算法、游戏以及自动控制等领域探索无穷的可能性。

本章包括以下内容：

- 介绍智能体和学习环境；
- 介绍 OpenAI Gym 的大致构成；
- 介绍可供选择的多种任务/环境，并简要介绍各类适配场景；
- 介绍 OpenAI Gym 的主要特性；
- 介绍 OpenAI Gym 工具包的主要功能；
- 创建并可视化第一个 Gym 环境。

让我们从理解智能体开始学习之旅吧！

1.1 智能体简介

人工智能的一个主要目标是构建智能体。智能体的主要特征是：能够感知环境并对其进行理解和推理，从而做出决策并制订计划，继而采取动作。说到这里，我们有必要了解一下什么是智能体。在深入了解智能体之前，我们先简单介绍一下智能体及其基本概念。

智能体（agent）是一个能够基于对所处环境的观察（感知）而采取行动的实体。人类和机器人就是物理形式的智能体实例。

> 人类或者动物是以其器官（眼睛、耳朵、鼻子、皮肤等）作为传感器观察/感知所处环境，并用其物理形式的身体（手臂、手掌、腿、头等）做出行动的智能体。机器人使用传感器（摄像头、麦克风、激光雷达、雷达等）观察/感知环境，用机械身体（机械手臂、机械手/爪、机械腿、扬声器等）做出动作。

软件智能体（software agent）是通过与环境的交互而做出决定并采取行动的计算机程序。软件智能体可以嵌入某种实体形式中，比如机器人。

自主智能体（autonomous agent）是通过对环境的理解和推理而自动进行决策和行动的实体。

智慧智能体（intelligent agent）则是通过和环境的交互来进行学习并自我提高的自主实体。智能体可以通过观测来分析自身行为和表现。

我们将通过开发智能体来解决序列决策问题。结果依赖于一系列决策和动作的问题或任务被称为序列决策问题。这类问题一般可在非严格马尔可夫（Loosely Markovian[①]）环境中由一系列（独立的）决策/行为来解决，其中某些环境中还可以（通过感知）收到奖励信号形式的反馈。

1.2　学习环境

学习环境是一个用于智能体训练与智能系统开发的必要系统组件，定义了智能体需要解决的问题或任务。

一些学习环境拥有不同的特征，如下所示：

- 全局可观测信息与局部可观测信息；
- 确定过程与随机过程；
- 独立回合决策与序列决策；
- 静态与动态；
- 离散与连续；
- 离线状态空间与连续状态空间；
- 离散行为空间与连续行为空间。

---

① 非严格马尔可夫环境是指那些未严格满足马尔可夫性质的环境。——译者注

本书会使用由 OpenAI Gym Python 例库实现的学习环境，因为它提供了简单且标准的接口和环境实现。用户利用这套例库可以实现定制化的环境。

在后续几节中，我们将简要介绍 OpenAI Gym 工具包，帮助你了解 OpenAI Gym 工具包的相关知识。我们将介绍 Gym 工具包，并介绍不同类别下可用的各种学习环境，然后是你可能感兴趣的 Gym 的功能，但暂时不考虑各种应用场景。接下来，我们将简要探究 Gym 工具包的定位以及使用 Gym 的方法。我们将在后续几节中利用 Gym 工具包构建几个很酷的智能体。在本章的最后，我们还将快速创建和可视化第一个 OpenAI Gym 环境。由此可见，本章的确是全书内容的基础。让我们马上开始吧！

1.3 OpenAI Gym 简介

OpenAI Gym 是一个开源工具包，提供了各种不同的任务集合——我们称其为环境（environment）。该工具包提供了一套标准的**应用程序编程接口**（API）用以连接强化学习环境，它提供的标准接口可以用于开发和调试智能体。每个环境都附有版本号，以确保运行结果的可比较和可复现，利于评估算法或环境本身的优化。

Gym 工具包通过各种环境为强化学习提供了一种 episodic 式的设置，其中智能体按一系列回合分开运行。在每一回合中，程序会从一个分布中随机采样来初始化智能体的状态，并让智能体与环境继续交互直到环境到达最终状态。如果你不熟悉强化学习的相关内容，请不要担心，我们将在第 2 章介绍强化学习。

OpenAI Gym 函数库提供的一些基本环境如图 1-1 所示。

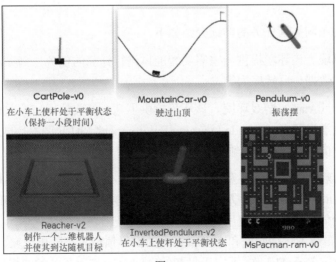

图 1-1

截至本书完成之际，OpenAI Gym 原生支持的环境已达 797 个之多，涵盖了许多不同的任务。著名的雅达利（Atari）分类占据了很大一部分，大约有 116 个（半数为屏幕输入，半数为内存输入）。工具包支持的任务/环境列举如下：

- 算法环境；

- 雅达利游戏环境；

- 棋盘游戏；

- Box2D 游戏；

- 经典控制问题；

- Doom（非官方）；

- 我的世界（非官方）；

- MuJoCo；

- 足球游戏；

- 玩具文本；

- 机器人（新添加，不列入讲解范围）。

接下来，我们会给出不同类别下可用的环境（或任务）以及每个环境的简要描述。记住，你可能需要在系统上安装一些其他工具和软件包才能运行这些类别中的所有环境。别担心，我们将在后续章节中介绍你需要做的每一步，以帮助你启动和运行任何环境。敬请关注！

前文提到的不同类别任务的详细介绍如下。

（1）**算法环境**。该环境提供一些需要智能体进行计算的任务，例如添加多位数字、从输入序列复制数据、反转序列等。

（2）**雅达利（Atari）游戏环境**。该环境提供了几个经典的 Atari 主机游戏的界面。环境接口是**街机学习环境**（Arcade Learning Environment，ALE）之上的封装器，它们提供游戏的屏幕图像或 RAM 作为输入来训练智能体。

（3）**棋盘游戏**。此类任务涉及非常流行的 9×9 和 19×19 围棋游戏环境。那些一直关注谷歌 DeepMind 技术进展的人可能会对此很感兴趣。DeepMind 开发了一个名为 AlphaGo 的智能体，该智能体使用包括蒙特卡洛树搜索在内的强化学习技术和其他的学习和规划技术，击败了包括樊麾和李世石在内的世界顶级人类围棋玩家。DeepMind 还发布了关于 AlphaGo Zero 的工作，不同于最初的 AlphaGo 使用了人类的棋局数据，AlphaGo

Zero 是从零开始训练的。AlphaGo Zero 逐渐超越了原版 AlphaGo 的性能，最终横空出世。它是一个自主系统，学会了围棋和日本将棋的自我对局（没有任何人工监督训练），并且其性能水平超越了之前开发的系统。

（4）**Box2D 游戏**。这是一个用来模拟 2D 场景下刚性肢体的开源物理引擎。Gym 工具包中有一些利用 Box2D 模拟器开发的连续控制任务，如图 1-2 所示。

图 1-2

这些任务包括训练赛车在赛道上行驶、训练双足机器人行走和将月球着陆器导航到着陆区域。在本书中，我们会运用强化学习算法训练智能体并实现赛车的自动驾驶！

（5）**经典控制问题**。此类别下有许多任务，过去在强化学习文献中有许多应用。这些任务构成了强化学习算法的一些早期基础和评估算法的基准。例如，经典控制类别下的环境之一是过山车环境，该环境由 Andrew Moore（CMU 计算机科学学院院长，匹兹堡创始人）于 1990 年首次在他的博士论文中引入，且有时仍被用作强化学习算法的实验平台。在本章最后，我们将引导你创建第一个 OpenAI Gym 环境！

（6）**Doom**。此类别为流行的第一人称射击游戏 Doom 提供了环境接口。它是一个由社区基于 ViZDoom 创建的非官方 Gym 环境。ViZDoom 基于 Doom 的 AI 研究平台，提供易于使用的 API，适合使用原始视觉输入来开发智能体。它可以用来开发 AI 机器人，而只需使用屏幕缓冲就可以玩几轮具有挑战性的 Doom 游戏！如果你玩过这款游戏，就会知道在游戏过程中进行多轮游戏而不会失去生命是多么惊心动魄！虽然它没有一些现代的第一人称射击游戏那样炫酷的图形特效，但抛开视觉效果不谈，它的确是一款十分出色的游戏。最近，一些关于机器学习（特别是深度强化学习）的研究利用 ViZDoom 平台开发了新的算法来解决游戏中遇到的目标导向问题。你可以访问 ViZDoom 的研究网页获取使用该平台的研究列表。图 1-3 列出了在 Gym 中可以作为独立环境来训练智能体的任务。

（7）**我的世界**。这是另一个很棒的平台，游戏 AI 开发人员可能对此环境尤其感兴趣。它的 Gym 环境是用微软的 Malmo 构建的，Malmo 是在我的世界之上构建的人工智能实验和研究平台。图 1-4 显示了 OpenAI Gym 环境提供的一些任务。这样的环境为解决独特环境中的问题提供了灵感。

DoomDefendCenter-v0
(experimental) (by @ppaquette)
任务#3——杀死所有方向的敌人

DoomDefendLine-v0
(experimental) (by @ppaquette)
任务#4——杀死位于房间另一侧的敌人

DoomHealthGathering-v0
(experimental) (by @ppaquette)
任务#5——学习使用急救包，尽可能存活

DoomMyWayHome-v0
(experimental) (by @ppaquette)
任务#6——在4个房间中找到背心

DoomPredictPosition-v0
(experimental) (by @ppaquette)
任务#7——学习用火箭筒消灭敌人

DoomTakeCover-v0
(experimental) (by @ppaquette)
任务#8——避开敌人的射击，尽可能存活

图 1-3

CliffWalking1-v0

MinecraftDefaultFlat1-v0

MinecraftTrickyArena1-v0

Eating1-v0

MinecraftDefaultWorld1-v0

MinecraftBasic-v0

图 1-4

（8）**MuJoCo**。对机器人感兴趣吗？你是否梦想着开发出一种算法，可以使人形机器人行走和奔跑，或者像波士顿动力公司的 Atlas 机器人那样做后空翻？你可以在 OpenAI Gym MuJoCo 环境中应用将在本书学习的强化学习方法开发自己的算法，使二维机器人行走、奔跑、游泳或跳跃，或使三维多足机器人行走或奔跑！图 1-5 中，MuJoCo 环境下有一些很酷的、真实的、类似机器人的环境。

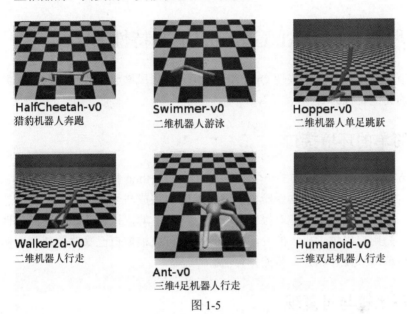

图 1-5

（9）**足球游戏**。这个环境适合训练可相互协作的多个智能体。Gym 工具包提供的足球环境具有连续的状态空间和动作空间。想知道这意味着什么吗？在第 2 章讨论强化学习时，我们会深入讨论这部分内容。现在，我们仅给出一个简单的解释：连续的状态和动作空间意味着智能体可以采取的动作和智能体接收的输入都是连续值。这意味着它们可以取(0,1)内的任意实数值（0.5、0.005 等），而不局限于一些离散的值集，例如{1, 2, 3}。有 3 种类型的环境。基本的足球环境在球场上初始化单个选手并且给予进球加 1（未进球为 0）的奖励。为了让智能体进球，它需要学会识别球，接近球，并将球踢向球门。听起来是不是非常简单？但是计算机很难自己解决这个问题，特别是当只有得分时加 1 而在任何其他情况下得分为 0 时，计算机会非常困惑。你可以自己开发学习足球知识的智能体，并使用本书中学到的方法进球。

（10）**玩具文本**。在这个类别下，OpenAI Gym 还有一些简单的基于文本的环境，包括一些经典问题，例如冰冻湖，其目标是找到穿过冰面和水面的安全路径。它被归于玩具文本，因为它使用更简单的环境表示——文本形式。

以上就是 OpenAI Gym 工具包提供的所有不同类别和环境类型的概述。现在，你应该对 OpenAI Gym 中可用的各种环境类别以及每个类别提供的环境有所了解了。接下来，我们将介绍 OpenAI Gym 的主要功能，正是这些功能才使其成为当今许多智能体开发中不可或缺的组成部分，尤其是对于那些需要使用强化学习或深度强化学习的智能体而言。

1.4　理解 OpenAI Gym 的主要特性

在本节中，我们关注那些使 OpenAI Gym 工具包风靡整个强化学习社区并使之得以广泛传播的关键特性。

1.4.1　简单的环境接口

OpenAI Gym 为环境提供了一个简单而通用的 Python 接口。具体而言，它在每一步将动作作为输入，基于每个动作给出**观察**、**奖励**、**完成与否**等反馈，并将可选信息对象作为输出。这里只是为了让你对接口有一个大致的了解，以便明确它的简单性。接口简单、方便，为用户提供了极大的灵活性，让他们可以根据自己喜欢的任何范例（不受限于使用特定范例）设计和开发智能体算法。

1.4.2　可比较与可复现

直观来看，我们应该能够就特定任务中的智能体或算法的性能与同一任务中的另一个智能体或算法的性能进行比较。例如，如果一名特工在名为《太空入侵者》的 Atari 游戏中平均得分为 1000，那么我们应该能得知，在相同训练时间下，这个智能体的表现比平均得分 5000 的智能体表现得更差。但是，如果游戏的评分系统略有改变，会怎样呢？如果修改了环境接口使第二个智能体获得了更多游戏状态而取得优势呢？显然，这会使分数间的比较变得不公平。

为了处理环境中的此类变化，OpenAI Gym 对环境使用严格的版本控制，如果环境有任何更改，就会更新版本号。因此，如果 Atari 的《太空入侵者》游戏环境的原始版本被命名为 `SpaceInvaders-v0`，在对环境进行一些更改以提供有关游戏状态的更多信息之后，环境的名称将更改为 `SpaceInvaders-v1`。这个简单的版本控制机制确保我们始终可以在完全相同的环境设置下测量和比较性能。通过这种方式获得的结果是可比较和可复现的。

1.4.3 进程可监控

Gym 工具包中的环境都配备了监控程序，用于记录模拟程序的每个时间片和每次环境重置。这意味着环境会自动跟踪智能体是如何学习和适应每一步的，甚至可以将监控程序配置成智能体训练时实时自动录制游戏视频。十分有趣，对吧？

1.5 OpenAI Gym 工具包的作用

Gym 工具包提供了一种标准化的方法，用于为那些可以使用强化学习解决的问题而开发的环境定义接口。如果你熟悉或听说过 ImageNet **大规模视觉识别挑战赛**（ILSVRC），就很容易理解标准化的测试平台对加速研发的影响有多大。对于那些不熟悉 ILSVRC 的人，这里有一个简短的总结值得借鉴：这是一个竞赛，参与团队评估他们为给定数据集开发的监督学习算法，并通过几个视觉识别任务进行竞争，以获得更高的准确率。这个通用平台加上 AlexNet 推广的基于深度神经网络算法的成功，为我们目前所处的深度学习时代铺平了道路。

类似地，Gym 工具包提供了一个对强化学习算法进行标准化测试的通用平台，并鼓励研究人员和工程师为几项具有挑战性的任务开发出得分更高的算法。简而言之，Gym 工具包之于强化学习，就像 ILSVRC 之于监督学习。

1.6 创建第一个 OpenAI Gym 环境

我们将在第 3 章中详细介绍如何设置 OpenAI Gym 的依赖以及训练强化学习智能体所需的其他工具。在本节中，我们给出了一种通过 `virtualenv` 在 Linux 和 macOS 上开始使用 OpenAI Gym Python API 的快速方法，以便抢先体验 Gym！

macOS 和 Ubuntu Linux 系统默认安装了 Python，你可以通过在终端窗口运行 `python -version` 来检查 Python 的版本。如果返回 `python` 并附带一个版本号，那么你可以进行下一步操作！如果收到错误提示“未找到 Python 命令”，则需要先安装 Python（见第 3 章）。

（1）安装 `virtualenv`。代码如下：

```
$pip install virtualenv
```

如果系统中尚未安装 **pip**，则可以使用
`sudo easy_install pip` 命令安装它。

（2）使用 virtualenv 工具创建名为 openai-gym 的虚拟开发环境。代码如下：

$virtualenv openai-gym

（3）激活 openai-gym 虚拟环境。代码如下：

$source openai-gym/bin/activate

（4）从上游安装 Gym 工具包所需的所有包。代码如下：

$pip install -U gym

如果运行 `pip install` 命令之后出现了 **permission denied** 或者 **failed with error code 1** 这两种报错信息，那么最大的可能是期望的安装目录（这里是指 virtualenv 中的 openai-gym 目录）需要特定权限或是 root 权限。运行 `sudo -H pip install -U gym[all]` 可以解决上述问题，也可以通过运行 `sudo chmod -R o+rw ~/openai-gym` 命令来改变 openai-gym 目录的授权。

（5）测试以确保安装成功。代码如下：

$python -c 'import gym; gym.make("CartPole-v0");'

创建并可视化新的 Gym 环境

只需一两分钟，就可以创建一个 OpenAI Gym 环境实例，让我们开始吧！

启动一个新的 Python 命令行工具并导入 gym 模块：

>>import gym

一旦 gym 模块导入成功，使用 gym.make 方法就可以创建一个新的环境，如下所示：

```
>>env = gym.make('CartPole-v0')
>>env.reset()
env.render()
```

执行以上命令，即可启动一个图 1-6 所示的窗口。

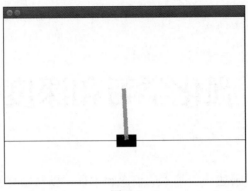

图 1-6

1.7　小结

恭喜你学完第 1 章！创建自己的环境是不是很有趣？在本章中，我们概述了 OpenAI Gym 工具包的内容相关，包括其提供的功能以及该工具包可执行的操作，让你对 OpenAI Gym 有一个基本的了解。在第 2 章中，我们将介绍强化学习的基础知识，帮助你奠定良好的基础，进而引导你构建出炫酷的智能体。

第 2 章　强化学习和深度强化学习

在本章中，我们将阐述一些基本的概念和术语，以帮助你更好地理解开发智能体所需的强化学习基础架构。我们还会介绍深度强化学习，让你对算法可以解决的问题类型有基本的了解。对于频繁用到的数学表达式和公式，我们也会在本章一一介绍。尽管有太多关于强化学习和深度强化学习的理论，但是我们会着重介绍与实践相关的核心概念。稍后用 Python 训练智能体时，你将能够逐渐理解其背后的逻辑。如果你在读过本章的内容后未能完全掌握，也完全没关系，随时可以在需要的时候复习本章中的相关概念。

本章包括以下内容：

- 什么是强化学习；

- 马尔可夫决策过程；

- 强化学习架构；

- 什么是深度强化学习；

- 深度强化学习智能体在实践中是如何工作的。

2.1　强化学习简介

如果你不了解人工智能（Artificial Intelligence，AI）或者机器学习，可能会好奇"强化学习是做什么的"。简单来说，这种学习需要经历一个逐渐强化的过程。**强化**（reinforcement）这个词来自日常用语或心理学，是指自身在某一条件下越来越倾向于做出某种收益较高的选择。我们在年轻时非常善于在学习中强化自身，那些已经为人父母的读者可能会经常用这一原理教育小孩。有意思的是，我们同样经历过这个人生阶段。例如，有的家长会在孩子每天完成作业后奖励他一块巧克力，这样小孩就**学习**到，他（她）只要每天完成作业，就会收到巧克力[或者其他奖励（reward）]。所以，家长的这种做法强化了小孩每天通过完成作业来获取巧克力的选择。这种因奖励诱惑而不断强化自身某种特定选择的学习过程被称为强化或者强化学习。

你也许会想："嗯，是的。我很熟悉人类心理学，但是对于机器学习和 AI，需要准备些什么呢？"好想法！强化学习的概念确实受到了行为心理学的启发。它是一门交叉领域，主要涉及计算机科学、数学、神经学和心理学，如图 2-1 所示。

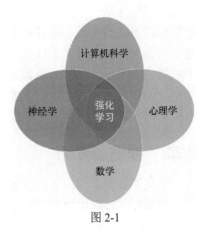

你很快会意识到，强化学习是用于实现人工智能的机器学习方法中最具前景的一个。即使你对相关术语都还很陌生，也没关系！从 2.2 节开始，我们会梳理这些术语并厘清它们之间的关系，为你扫清继续阅读的障碍。如果你已经了解了这些术语，则不妨从不同的视角回顾一遍。

图 2-1

2.2 直观理解人工智能的含义和内容

人或者动物具有的智能叫作**天然智能**（natural intelligence），而机器所展现出的智能叫作人工智能。人类开发了相关算法和技术提供给机器使用。在机器学习、人工智能、人工神经网络和深度学习领域有很多前沿的伟大进步，这些领域共同驱动着人工智能的发展。目前，监督学习、非监督学习和强化学习这 3 种主要的机器学习模式已经发展到了比较成熟的阶段。

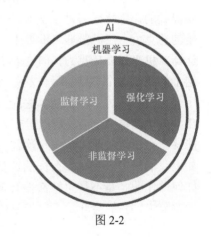

通过图 2-2，你可以直观地感受到 AI 所涉及的领域。可以看到，这些学习模式是机器学习的子集，而机器学习是人工智能的子集。

图 2-2

2.2.1 监督学习

监督学习的过程和我们教小孩认识某个人或某一种东西的过程非常类似。我们为每个输入值提供一个与之对应的名字/类别标签（简称**标签**，label），并期待机器学会输入到标签的映射关系。如果我们只想让机器**学习**简单的几种物体（例如物体种类识别任务）或者几个人（人脸/噪音/身份识别），这听起来似乎很容易。但如果我们想让机器学习几千个类别，且每个类别中还有很多细分类别，该怎么办？例如，一个任务是要从众多的照片中识别出某一个人，这对成年人来说都有点难度。这个人在不同的照片中也许会戴着眼镜或不同的帽子，或者还带有不同的面部表情。在照片中发现人脸并识别出来，这对于机器来说难度增大了许多。随着深度学习领域出现新进展，这样的监督分类任务对于机器来说不再困难了。机器可以从很多其他物品中识别出人脸，并且有着空前高的准确率。例如，由 Meta AI 研究实验室推出的 DeepFace 系统，在"从 Wild 数据集中识别有标签的人脸"这一任务中取得了 97.45%的准确率。

2.2.2　非监督学习

不同于监督学习，非监督学习是一种只提供输入数据而不提供标签的学习形式，常用来发掘输入数据中的某种特点或者由相似数据组成的聚落。深度学习领域中的生成对抗网络（Generative Adversarial Network，GAN）就是非监督学习。

2.2.3　强化学习

与监督学习和非监督学习相比，强化学习是一种混合学习方式。正如我们在本章开始提到的，强化学习是由奖励信号驱动的。在小孩和作业这个问题中，奖励信号是父母给的巧克力。在机器学习世界中，巧克力可没什么吸引力（当然，我们也可以编写程序，让计算机也想要巧克力，但这着实没什么必要），仅用一个标量（一个数字）就可以解决这个问题！这个奖励信号依然是人工定义的，用于表明完成任务目标的重要性。例如，用强化学习训练一个智能体去玩 Atari 游戏，游戏里的分数就是奖励信号。这样可以让强化学习更简单（当然我是指对于人来说，可没为机器着想），因为我们不需要为了让机器能够学会玩游戏而去标记每次需要点击的按钮，而只需要让机器学会自己努力提高分数。如果我们只说出想要什么样的评分，机器就会自己去学习如何玩游戏、如何开车，或者如何做作业。是不是想想都很有趣？这就是我们要在本章学习强化学习的原因。在后续的章节中，我们会开发一些炫酷的应用。

2.3　强化学习实战

现在你应该对人工智能和驱动其发展的多种算法有了一些直观的认识，接下来就可以开始关注构建强化学习系统所需的相关概念了。

为此，你需要着重了解的概念包括**智能体**、**奖励**、**环境**、**状态**、**模型**、**值函数**和**策略**。

2.3.1 智能体

在强化学习中,机器是被(软件)智能体所驱动的。这个智能体是机器的一部分,用于处理智能问题和做出对于下一步的决策。随着学习的深入,你还会经常遇到"智能体"这个词。强化学习是基于奖励假设的,即任何目标都可以转化为期望的最大化累积奖励,为此我们需要讨论一下什么是奖励。

2.3.2 奖励

奖励用 R_t 来表示,通常是一个用于驱动智能体学习的反馈标量。智能体的目标是最大化奖励的和,这个值表明智能体在 t 步时学习的水平。下列对于不同学习任务的奖励的示例会让你有更直观的理解。

(1)对于 Atari 游戏或者任意普通的计算机游戏,如果分数增加,则奖励可以加 1,反之则会减 1。

(2)对于期货交易,每赚到 1 美元,奖励会加 1,每损失 1 美元,奖励会减 1。

(3)对于驾驶模拟,每行进 1 英里,奖励加 1,但如果发生事故,则奖励会减 100。

(4)有时,奖励更新的频率可以很低。对于国际象棋或者围棋,只有赢了一局才加 1,输了一局才减 1。这是很低频的,因为只有完成整局后才能得到反馈,而中间每一步走得怎么样都无从得知。

2.3.3 环境

在第 1 章中,我们看到了 OpenAI Gym 工具包所提供的各种环境。你也许会好奇为什么它们称为"环境"而不是"问题"或者"任务"?那么到了本章,对于这个问题,你有没有豁然开朗的感觉?

环境是一个囊括了所要解决的问题或者任务并能够与智能体交互的平台。图 2-3 展示了一个高度抽象化的强化学习范例。

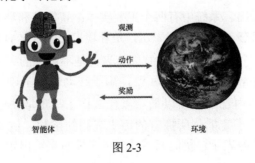

观测

动作

奖励

智能体   环境

图 2-3

在每一步用 t 表示，智能体从环境中观测到 O_t 并做出动作 A_t，然后会从环境中收到标量奖励 R_t。继续下一次观测 O_{t+1}，然后不断重复前面的步骤，直到触发终止条件。那到底什么是观测和状态？我们下面一起来看看。

2.3.4　状态

智能体在和环境交互时，会产生一个由观测（O_i）、动作（A_i）和奖励（R_i）组成的序列。在某一时刻 t，智能体所知道的是 t 时刻的 O_i、A_i 和 R_i。我们很自然地把这些所记录的内容叫作历史。

$$H_t = \{O_1, A_1, R_1\}, \{O_2, A_2, R_2\}, \cdots, \{O_t, A_t, R_t\}$$

下一时刻 $t+1$ 发生什么取决于历史。用于确定下一步该做什么的信息称为状态。因为它依赖于截至目前的历史，所以可以被标记为

$$S_t = f(H_t)$$

其中，f 表示某个函数。

在继续操作之前，我们需要注意一些细节。让我们再看一下强化学习系统的通常表示，如图 2-4 所示。

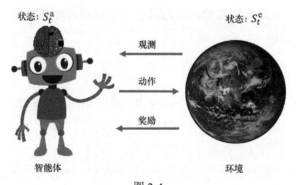

图 2-4

从图 2-4 中可以看出，系统中有两个主要实体：智能体和环境，这两个实体都有自己的状态表示。**环境状态**一般用 S_t^e 来表示，是环境自己的（私有的）表示，用于获取下一次的观测和奖励。这个状态通常对于智能体来说是不可见的/不可获得的。同样，智能体也有自己的内部状态表示，通常记为 S_t^a，用于在动作的基础上做出决策。因为这个状态的表示是在智能体内部的，所以最后以什么样子呈现取决于智能体用什么函数来表示——通常是一些关于智能体所拥有的历史观测的函数。例如，马尔可夫状态是利用其所有有用历史的状态表示。我们利用马尔可夫性质来给出定义：状态 S_t 是马尔可夫

的或者说是马尔可夫过程的，当且仅当 $P[S_{t+1} \mid S_t] = P[S_{t+1} \mid S_1, S_2, \cdots, S_t]$ 时。简而言之，就是**当前状态之前的历史不会对未来产生影响**。换句话说，知道当前这个状态，足以判断未来的情况。一旦知道了当前状态，我们就可以抛开之前的历史不管了。通常来讲，环境状态 S_t^e 和历史 H_t 满足马尔可夫性质。

在某些情况下，环境的内部变量对于智能体来说是完全可以直接观测到的，这样的环境称为**完全可观测环境**。在某些情况下，智能体所需要的信息不能直接从环境中观测到，而是需要智能体自己基于目前观测到的部分信息来"构建"所需的状态，这样的环境称为**局部可观测环境**。例如，一个智能体在玩纸牌游戏时只能看到自己的牌，看不到其他玩家手中的牌。这时只有局部的环境被观测到了。类似地，当只有摄像头时，自动驾驶车辆是难以得知自己的确切地理坐标的，这样的环境同样只能被局部观测到。

接下来，我们介绍智能体的一个核心概念——模型。

2.3.5 模型

模型是智能体用来认知环境的工具，这很像我们对周围的人和事物的理解方式。智能体用自己的模型去预测下一步会发生什么，其中有两个关键部分。

- P：状态转移模型/概率。

- R：奖励模型。

状态转移模型 P 是一个概率分布或者一个函数，用于预测在 t 时刻、状态 S 下采取了动作 A 之后，在下一时刻 $t+1$ 会转移到状态 S' 的概率。在 $t+1$ 时刻会获得的奖励期望可以用以下数学表达式来定义：

$$P_{SS'}^A = P[S_{t+1} = S' \mid S_t = S, A_t = A]$$

智能体用这个奖励模型来预测采取下一个动作后会得到什么奖励，而下一个动作所对应的奖励的期望可以用以下数学表达式描述：

$$R_S^A = E[R_{t+1} \mid S_t = S, A_t = A]$$

2.3.6 值函数

值函数用于表示智能体对未来奖励的一个预测。这里有两种值函数：状态-值函数和动作-值函数。

1. 状态-值函数

状态-值函数是一个表示智能体认为自己在 t 步、状态 s 下有多么优秀的函数，它用

$V(s)$ 来表示，通常称为**值函数**。这表示一个智能体对自己能在 t 步、状态 s 下保持当前状态会获得怎样奖励的判断。其数学表示为

$$V_\pi(S) = E[R_{t+1} + \gamma R_{t+2} + \gamma^2 R_{t+3} + \cdots | S_t = S]$$

这个表达式的意思是在策略 π 下状态 s 所对应的取值，是未来奖励被衰减处理后和的期望。其中 γ 是一个衰减系数，是 $[0, 1]$ 内的实数。经验性的做法是，把这个衰减系数设置在 $[0.95, 0.99]$ 的区间中。另一个新符号 π，表示智能体的决策策略。

2．动作-值函数

动作-值函数用于表示智能体认为自己在状态 S_t 下采取动作 a_t 时会取得多好成绩的函数，记为 $Q(s_t, a_t)$。它和状态-值函数的关系式为

$$Q(S, A) = E[r + \gamma V(S_{t+1})]$$

2.3.7　策略

策略记为 π，规定了在什么状态下采取什么样的动作。我们可以将其视为一个状态与动作相匹配的函数。有两种主要的策略：确定性策略和随机性策略。

确定性策略规定对于一个给定状态 s，只有一种可以采取的动作 a，其数学表示为 $\pi(S)=A$。

随机性策略规定了在时刻 t、状态 a 下的动作分布。也就是说，我们可以采取多种动作，而每种动作都对应一个概率值。其数学表示为 $\pi(A|S) = P[A_t = A | S_t = S]$。

智能体根据不同的策略会在同一环境中执行不同的动作。

2.4　马尔可夫决策过程

马尔可夫决策过程为强化学习提供了一种规范的架构。它用来描述一个完全可观测环境，其中的结果部分由智能体所采取的动作或决策者决定，也同时受到部分随机因素的影响。图 2-5 所示为马尔可夫过程到马尔可夫奖励过程再到马尔可夫决策过程的转变。

图 2-5

（1）马尔可夫过程（Markov Process），又称为马尔可夫链（Markov chain），是一个由遵循马尔可夫性质的随机状态 $s1, s2, \cdots$ 组成的序列。简单来说，它是一个对历史信息完全没有记忆的随机过程。

（2）马尔可夫奖励过程（Markov Reward Process，MRP）是一个带有值的马尔可夫过程（又叫作马尔可夫链）。

（3）马尔可夫决策过程（Markov Decision Process，MDP）是一个带有决策的马尔可夫奖励过程。

2.5　动态规划

对于一个可以被分解为多个需要重复解决的子任务的大任务，动态规划是一种非常通用且有效的方法。如果你写过递归函数，那么已经对动态规划有了一个初步的认识。动态规划，简单来说，就是尝试缓存一些子问题的解决方法和结果。后面要用到这些方法和结果时，就不再需要重复计算了。

你可能会问："那和我们关心的内容有什么关系？"好问题！动态规划其实对于解决一个被完全定义的马尔可夫决策过程是非常有用的。也就是说，如果我们对这个马尔可夫决策过程有完整的认知，那么智能体可以用动态规划在马尔可夫决策过程的环境中找到最优路径。在表 2-1 中，你会找到当我们对序列预测和控制感兴趣时输入和输出是什么。

表 2-1

任务/目标	输入	输出
预测	MDP 或 MRP 和策略 π	值函数 v_π
控制	MDP	最优值函数 v_π^* 和最优策略 π^*

2.6　蒙特卡洛学习和时序差分学习

至此，我们已经明确，智能体可以学习到状态-值函数 $v_\pi(S)$ 是非常有用的。这个函数能够告诉智能体对于一个状态来说长期值是多少。基于此，智能体可以判断出一个状态是好还是坏，这就用到了**蒙特卡洛**（Mento Carlo，MC）学习和**时序差分**（Temporal Difference，TD）学习。

蒙特卡洛学习和时序差分学习的目标是从智能体的经验中学习到值函数并以此作为今后遵循的策略。

表 2-2 总结了对于蒙特卡洛学习和时序差分学习的值估计的更新公式。

表 2-2

学习方法	状态-值函数
蒙特卡洛	$V(S_t) = V(S_t) + \alpha(G_t - V(S_t))$
时序差分	$V(S_t) = V(S_t) + \alpha(R_t + \gamma V(S_{t+1}) - V(S_t))$

蒙特卡洛学习更新**实际返回值** G_t 从时刻 t 得到总的衰减奖励，有 $G_t = R_{t+1} + \gamma R_{t+2} + \cdots$ 直到结束。需要注意的是，我们只能在序列结束的时候才能计算这个值。反之，时序差分学习（更确切地说是 TD(0)），更新的是用 $R_{t+1} + \gamma V(S_{t+1})$ 计算的**估计返回值**，这样就可以在每一步结束后进行计算。

2.7　SARSA 和 Q-Learning

对于一个智能体来说，学习动作-值函数 $Q_\pi(S, A)$ 也是非常有用的，该函数反映了智能体在状态 S 下采取动作 A 之后的长期值。这样智能体就能够选择那些可以最大化衰减奖励的期望动作。SARSA 和 Q-Learning 算法可以让智能体学会这些！表 2-3 总结了 SARSA 和 Q-Learning 的更新公式。

表 2-3

学习方法	动作-值函数
SARSA	$Q(S, A) = Q(S, A) + \alpha(R + \gamma Q(S', A') - Q(S, A))$
Q-Learning	$Q(S, A) = Q(S, A) + \alpha(R + \gamma \max_{A' \in A} Q(S', A') - Q(S, A))$

命名 SARSA 的原因是：序列的状态→动作→奖励→状态'→动作'是算法每一步更新所依赖的。这可以具体描述为一个序列按如下步骤进行：智能体在状态 S 下采取了动作 A 得到了奖励 R，然后位于状态 S'，并在这个新状态下决定采取新动作 A'。基于这样的经验，智能体更新了自己对于 $Q(S, A)$ 的估计。

Q-Learning 是一种颇受欢迎的离线策略（off-policy）学习算法，与 SARSA 不同的是，SARSA 根据智能体在新状态下实际采取的动作得到对应的 Q 值估计，而 Q-Learning 使用新状态 S' 下所能获得的**最大 Q 值**的动作得到对应的 Q 值估计。

2.8 深度强化学习

在对强化学习有了基本了解后，你现在能够以一个更好的状态（希望不是已经忘光了之前所学内容，即标准的马尔可夫状态）去理解最近深刻影响 AI 领域的炫酷算法。

人们在深度学习领域有所斩获后，自然会想到将其应用到强化学习领域，这样深度强化学习的出现就顺理成章了。我们学过了状态-值函数、动作-值函数和策略，再来看一下它们如何能以数学方式来表示或者被计算机代码所识别。状态-值函数 $V(S)$ 是以当前状态 S 作为输入并且输出实数（如 4.57）的实数值函数。这个数值是智能体对状态 S 的评分估计，并且会根据所获得的新经验不断更新。同样，$Q(S, A)$ 也是以状态 S 和动作 A 作为输入，输出实数的实数值函数。神经网络是表示这些估计器的一种方式，因为神经网络是一个通用的估计器，可以表示复杂的非线性函数。对于一个尝试看着屏幕上的图像（就像我们一样）来玩 Atari 游戏的智能体来说，状态 S 可以是屏幕上图像的像素值。在某些情况下，我们可以用一个有卷积层（convolutional layer）的深度神经网络来从状态/图形中提取视觉特征，然后用一些全连接层最终输出 $V(S)$ 或 $Q(S, A)$（这取决于我们想要近似哪个函数）。

 回忆一下之前的章节，$V(S)$ 提供的是处于状态 S 时估计值的状态-值函数，$Q(S, A)$ 提供在指定状态下采取每个动作会获得的估计值的动作-值函数。

如果我们这么做了，就是在进行深度强化学习！很好理解吗？但愿吧！让我们来看看在强化学习中使用深度学习的其他方式。

回忆一下，策略可以是以 $\pi(S) = A$ 表示的确定性策略，也可以是以 $\pi(A \mid S) = P[A_t = A \mid S_t = S]$ 表示的随机性策略。这时动作 A 可以是离散的（例如"向左""向右"或"向前"），也可以是连续值（例如加速"0.05"或转向"0.67"等），同时也可以是一维或多维的。所以，策略有时会是一个复杂的函数！它可能会以多维状态（例如图像）作为输入并输出关于概率的多维向量（在随机性策略中）。这个函数很像个怪物，难道不是吗？的确如此，所以需要使用深度神经网络来拯救它！我们会用深度神经网络来估计一个智能体的策略并进行更新（更新神经网络的参数），这被称为基于策略优化的深度强化学习。这种方法已经在很多具有挑战性的控制问题中展现出高效性，尤其是对于机器人的控制问题。

总体来说，深度强化学习是目前深度学习在强化学习中的应用。研究人员以两种方式成功地在强化学习中应用了深度学习：一种方式是用深度神经网络来估计值函数；另一种方式是用深度神经网络来表示策略。

　　虽然这种想法在早些时候就已众所周知,研究人员甚至在 2005 年就尝试将神经网络作为值函数估计器。但是这种方法之前一直不稳定,通常只能获得次优解。即使深度神经网络或其他非线性值函数估计器可以更好地表示环境状态和动作的复杂值,它们也一直未能像现在这样炙手可热。这种状况直到最近才有所改变,因为 Volodymyr Mnih 和他在 DeepMind(现在是谷歌的一部分)的同事们找到了稳定的训练方法,使深度、非线性函数模拟器能够收敛为可产生近似最优解的函数。在本书后面几章,我们会再现一些他们的开创性工作——那些超越人类在 Atari 游戏上最好成绩的奇迹!

2.9　强化学习和深度强化学习算法的实践应用

　　直到当前,强化学习和深度强化学习的应用都还是很局限的,这主要因为其在样本复杂度和算法稳定性方面的问题。但是,它们在很多难以解决的现实问题中非常有效。示例如下。

　　(1)**学会比人类更会玩视频游戏**。DeepMind 和其他机构的研究人员开发了一系列的算法,DeepMind 的深度 Q 网络(简称 DQN)已经在 Atari 游戏中达到了人类水平。我们会在第 3 章中实现这个算法! 本质上,DQN 是本章前面简略了解过的 Q-Learning 的一个深度学习变种,只是在学习速度和稳定性上有所提高。它可以玩过几局游戏后在得分上达到人类水平。非常鼓舞人的是,这个算法同样可以在不同游戏上获得相同水准的成绩,而且不用任何微调!

　　(2)**精通围棋**。围棋是几十年来不断让 AI 备受挑战的中国游戏。它使用一个 19×19 的棋盘,复杂度比国际象棋高几个量级,因为它有庞大数量(10^{172})的落子方式。AlphaGo——DeepMind 的 AI 智能体用深度强化学习和蒙特卡洛树搜索完全改变了这一历史并击败了人类世界冠军李世石(4∶1)和樊麾(5∶0)。DeepMind 发布了更先进的智能体版本,叫作 AlphaGo Zero(意思是它没有用人类知识来学习,完全是靠自学的!)和 AlphaZero(不光可以玩围棋,还可以玩国际象棋和日本将棋),这一切都是用深度强化学习作为核心算法的。

　　(3)**帮助 AI 赢得《危险边缘》**! IBM 沃森是一个 IBM 开发的 AI 系统,因在《危险边缘》中击败人类而名声大噪——使用一个时序差分算法的拓展版来创建策略,让它在和人类玩家竞争中取胜。

　　(4)**机器人运动和操控**。强化学习和深度强化学习使控制机器人的复杂运动和导航成为可能。加州大学伯克利分校近期的一些工作表明,使用深度强化学习可以为机器人操控任务提供视觉控制并驱动复杂的双足机器人行走和奔跑。

2.10 小结

在本章中，我们讨论了智能体如何基于从环境中接收到的观测结果与环境进行交互，以及环境如何为智能体的动作反馈一个（可选的）奖励，并给出下一个观测结果。

有了对强化学习的基本了解后，我们又进一步了解了什么是深度强化学习，然后展示了可以用深度神经网络来表示值函数和策略的事实。虽然这种方式过于执拗于符号和定义，但希望能给后面开发炫酷的智能体打下坚实的基础。在第 3 章中，我们会巩固前两章的学习，并在此基础上训练一个智能体，以解决有趣的问题。

第3章 开启 OpenAI Gym 和 深度强化学习之旅

通过前面两章的学习，你应该已经对 OpenAI Gym 工具包和强化学习有了一个很好的了解。在本章中，我们将直奔主题，为计算机完成必需的安装和配置，以便你能尽快开始智能体的开发。此外，你还可以了解到本书的代码库，其中包含本书所需的所有代码、其他一些代码示例，以及有用的指令和更新。

本章包括以下内容：

- 访问本书的代码库；
- 创建所需的 Anaconda 环境；
- OpenAI Gym 配置及系统依赖指南；
- 深度强化学习所需的工具、函数库和依赖的安装。

3.1 代码库、设置和配置

首先，本书涉及的必要的代码示例都有源代码，并为读者提供了如何为每个章节设置和运行训练或测试脚本的详细信息（见配套资源）。

如果你还没有 GitHub 账户，请创建一个 GitHub 账户并进行仓库分支（fork），以便将该代码库添加到自己的 GitHub 账户。这将方便你随时对自己喜欢的代码进行任意更改，还可以在完成一些很酷的创作时能够发送拉取请求（pull request）！

使用以下命令将代码库复制到主目录中名为 HOIAWOG 的文件夹：

```
git clone
******//github****/PacktPublishing/Hands-On-Intelligent-Agents-with-OpenAI-Gym.
git ~/HOIAWOG
```

注意，本书假设在特定位置~/HOIAWOG 设置代码库。如果出于某种原因更改了这一位置，请务必记住并相应地更改本书中的一些命令。

之所以将 HOIAWOG 选作目录名称，是因为它是本书英文标题的首字母缩写，即 Hands On Intelligent Agents With OpenAI Gym！

本书的代码库将保持更新，以应对外部库或其他软件的任何更改，并保证智能体实现代码和其他代码示例都能正常运行。有时，我们还会添加新代码并加以更新，以进一步探索智能体。

在第 1 章的最后，我们快速安装了 OpenAI Gym，这是一个便于快速开始的最小安装。在下一节中，我们将逐步介绍安装流程，并确保正确安装和配置使用 Gym 开发智能体所需的一切。我们将在此处介绍不同的安装方法，以便你了解一般的安装过程。

3.1.1 先决条件

使用 OpenAI Gym 的唯一先决条件是拥有 Python 3.5 以上的环境。为了让后续的开发变得简单且有条不紊，我们将使用 Anaconda Python 发行版。Anaconda 是一个 Python 发行版，其中包括数百种流行的机器学习和数据科学软件包，并附带一个叫作 conda 的易于使用的软件包及虚拟环境管理器。还有一个好消息是 Anaconda Python 发行版适用于 Linux、macOS 和 Windows！使用 Anaconda 发行版的另一个主要原因是它有助于轻松创建、安装、管理和升级被隔离的 Python 虚拟环境。这确保了我们在本书中学习和开发的代码会有相同的结果，而不用考虑使用的操作系统。使用像 Anaconda 这样的 Python 发行版，你可以避免手动解决依赖问题或库版本不匹配问题，且很有效。让我们开始安装 Anaconda Python 发行版！

打开命令提示符或终端，并输入以下命令：

```
praveen@ubuntu:~$wget
****//repo.continuum***/archive/Anaconda3-4.3.0-Linux-x86_64.sh -O
~/anaconda.sh
```

上述命令使用 wget 工具获取/下载 Anaconda 3-4.3 版本的安装脚本，并将其作为 anaconda.sh 保存在主目录中。上述命令适用于预先安装了 wget 工具的 macOS 和 Linux（Ubuntu、Kubuntu 等）系统。注意，我们正在下载特定版本的 Anaconda（3-4.3），可确保在本书中具有相同的配置。如果这不是最新版本，也不必担心，你可以随后使用如下命令升级版本：

```
conda update conda
```

anaconda.sh 是一个 shell 脚本，包含在你的系统上安装 Anaconda 所需的所有东西！如果你对此感兴趣，可以使用自己喜欢的文本编辑器打开它，看看二进制文件、安装指令和 shell 命令是如何巧妙地集中到一个文件中的。

现在开始在主目录下安装 Anaconda Python 发行版。以下安装过程是经过精心安排的，以确保 Anaconda Python 发行版在 Linux 和 macOS 系统上都能正常工作。在输入命令之前，应知道一件事，即以下命令将以**静默模式**运行安装程序。这意味着它将使用默认安装参数继续安装，而不会询问用户是否同意每个选项，也意味着用户已同意 Anaconda 的许可条款。如果想要一步一步手动完成安装进程，可以运行以下命令（不带参数-b 和-f）：

```
praveen@ubuntu:~$bash~/anaconda.sh -b -f -p $HOME/anaconda
```

等待安装过程完成即可！

要使用 **conda** 和 Anaconda Python 发行版中的高级功能，应确保系统知道在哪里可以找到 Anaconda 工具，需要把 Anaconda 二进制目录的路径附加到 PATH 环境变量中，如下所示：

```
praveen@ubuntu:~$export PATH=$HOME/anaconda/bin:$PATH
```

强烈建议将上述命令加入~/.bashrc 文件的末尾，以便任何一个新的 bash 终端启动时都能访问 Anaconda 工具。

输入以下命令，确保安装成功：

```
praveen@ubuntu:~$conda list
```

上述命令会列出默认 conda 环境中已安装的工具包。

3.1.2　创建 conda 环境

至此，Anaconda 环境已经搭建完成。现在，我们开始利用 conda 命令来创建一个本书需要使用的 Python 虚拟环境。

> 如果想要一键安装设置而不是一步一步安装，那么可以使用书中代码库中 conda_env.yaml 这个 conda 环境配置文件来大幅简化所有必要的软件包环境的安装。只需在 3.1.1 节的代码库目录（HOIAWOG）中运行以下命令即可：praveen@ubuntu:~/HOIAWOG$ conda create -f conda_env.yaml -n rl_gym_book。

至此，需要创建一个新的最小化环境以继续执行。输入以下命令：

```
praveen@ubuntu:~$conda create --name rl_gym_book python=3.5
```

将创建一个名为 `rl_gym_book` 的 conda 环境，其中包含 Python 3 解释器。它将打印一些有关将要下载的内容和安装包的信息。系统可能会提示你是否愿意继续，请输入 y 并按 **Enter** 键继续。一旦环境创建完成，你可以使用以下命令激活该环境：

```
praveen@ubuntu:~$source activate rl_gym_book
```

现在可以看到，命令提示符的前缀发生了变化，表示终端位于 `rl_gym_book` 虚拟环境中，如下所示：

```
(rl_gym_book) praveen@ubuntu:~$
```

在后续章节的操作中，你可以将其用作必须在此环境中或者可以在此环境之外输入命令的标志。要退出或停用环境，只需输入以下内容即可：

```
praveen@ubuntu:~$source deactivate
```

3.1.3 最小化安装——快捷简便的方法

OpenAI Gym 是一个 Python 包，被发布到 **Python 包索引（PyPI）** 代码库。你可以使用 `easy_install` 或 `pip` 获取和安装来自 PyPI 代码库的包。`pip` 是 Python 的一个包管理工具，如果你用 Python 编写过脚本，应该很熟悉这个工具：

```
(rl_gym_book) praveen@ubuntu:~$pip install gym
```

这就可以了！

运行以下代码，快速检查安装是否正常。在~/rl_gym_book 目录下创建 gym_install_test.py 文件，输入或复制下面的代码并保存。你也可以下载本书代码库中的 gym_quick_install_test.py 文件。

```python
#! /usr/bin/env python
import gym
env = gym.make("MountainCar-v0") # Create a MountainCar environment
env.reset()
for _ in range(2000): # Run for 2000 steps
    env.render()
    env.step(env.action_space.sample()) # Send a random action
```

尝试运行以下脚本：

```
(rl_gym_book) praveen@ubuntu:~/HOIAWOG$python gym_quick_install_test.py
```

这时会弹出一个新窗口，显示一个小车/纸箱和一座 V 形的山，并且可以看到小车随意地左右移动，如图 3-1 所示。

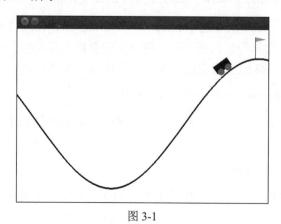

图 3-1

控制台/终端打印图 3-2 所示的一些值。

```
(array([-0.53439364,  0.05070148]), -1.0, True, {})
(array([-0.48461121,  0.04978243]), -1.0, True, {})
(array([-0.43512052,  0.04949069]), -1.0, True, {})
(array([-0.38728565,  0.04783487]), -1.0, True, {})
(array([-0.33944487,  0.04784078]), -1.0, True, {})
(array([-0.29291606,  0.04652882]), -1.0, True, {})
(array([-0.24898253,  0.04393353]), -1.0, True, {})
(array([-0.20688342,  0.04209911]), -1.0, True, {})
(array([-0.16781806,  0.03906536]), -1.0, True, {})
(array([-0.1299425 ,  0.03787556]), -1.0, True, {})
(array([-0.09337938,  0.03656312]), -1.0, True, {})
(array([-0.05921881,  0.03416058]), -1.0, True, {})
(array([-0.02751888,  0.03169993]), -1.0, True, {})
(array([0.00068956, 0.02820844]), -1.0, True, {})
(array([0.02639801, 0.02570845]), -1.0, True, {})
(array([0.05061429, 0.02421628]), -1.0, True, {})
(array([0.07335933, 0.02274505]), -1.0, True, {})
(array([0.09466468, 0.02130535]), -1.0, True, {})
(array([0.11357016, 0.01890549]), -1.0, True, {})
(array([0.12911936, 0.01554919]), -1.0, True, {})
(array([0.14335377, 0.01423442]), -1.0, True, {})
(array([0.15631584, 0.01296207]), -1.0, True, {})
>>>
```

图 3-2

至此，一个（最小的）OpenAI Gym 的设置就成功了！

3.1.4　完整安装 OpenAI Gym 学习环境

最小安装并不能支持所有环境。为了能够使用大部分或全部的 Gym 功能，我们将安装依赖关系并用主分支上的最新源代码构建 OpenAI Gym。

首先，安装所需的系统包，接下来分别是 Ubuntu 和 macOS 中的指令。根据你的开发平台选择一组安装指令。

1. Ubuntu 安装指引

以下命令在 Ubuntu 14.04 LTS 和 Ubuntu 16.04 LTS 上进行了测试，并且应该能在其他/未来的 Ubuntu 版本中运行。

让我们在终端/命令行上运行以下命令来安装所需的系统包：

```
sudo apt-get update
```

```
sudo apt-get install -y build-essential cmake python-dev python-numpy
python-opengl libboost-all-dev zlib1g-dev libsdl2-dev libav-tools xorg-dev
libjpeg-dev swig
```

此命令将安装必备的系统软件包。注意，-y 标志将自动确认包的安装，不需要手动确认。如果查看要安装的软件包或遇到某些原因，可以在没有标志的情况下运行命令。

2. macOS 安装指引

在 macOS 平台上需要安装的补充系统包比 Ubuntu 要少一些，只需运行以下命令即可安装必备的系统包：

```
brew install cmake boost sdl2 swig wget
brew install boost-python --with-python3
```

OpenAI Gym 中的机器人和控制环境利用**带有连接的多关节动力学**（MuJoCo）作为物理引擎来模拟刚体动力学和其他特征。第 1 章中的 MuJoCo 学习环境可以开发算法使二维机器人行走、跑步、游泳或跳跃，以及模拟三维多足机器人行走或跑步。MuJoCo 是专有的引擎，因此需要许可证。幸运的是，MuJoCo 免费提供 30 天许可证！

MuJoCo 还给学生提供 1 年免费的个人许可证！本书将不会使用 MuJoCo 环境，因为不是每个人都可以获得许可证的。如果读者购买了许可证，就可以随时将本书中学到的知识应用于 MuJoCo 环境。如果你打算使用这些环境，则必须遵循以下 MuJoCo 安装部分的说明。如果没有，则可以跳过本节，并转到下一部分设置 OpenAI Gym。

3. MuJoCo 的安装

MuJoCo 是本书中一个比较特殊的库，所以我们将单独讲解其安装过程。在本章写就时，尽管 MuJoCo 版本已经更新到了 1.50，但 Gym 库中 MuJoCo 的 Python 接口还是只兼容 MuJoCo 的 1.31 版本。请分两步为 OpenAI Gym 环境设置 MuJoCo：第一，下载 1.31 版本的 MuJoCo（Linux/macOS 中）；第二，获取 MuJoCo 的许可证。

4. 完成 OpenAI Gym 的设置

首先更新 pip 的版本：

```
(rl_gym_book) praveen@ubuntu:~$ pip install --ignore-installed pip
```

然后从 GitHub 代码库中下载 OpenAI Gym 的源代码到计算机的主目录：

```
(rl_gym_book) praveen@ubuntu:~$cd~
```

```
(rl_gym_book) praveen@ubuntu:~$git clone *******github****/openai/gym.git
```

```
(rl_gym_book) praveen@ubuntu:~$cd gym
```

 如果遇到"找不到 git 命令"或者其他类似的错误，则需要安装 Git 来解决这个问题。在 Ubuntu 系统上，可以通过运行 sudo apt-get install git 这个命令来安装 Git。在 macOS 上，如果没有安装 Git，系统会在运行 git clone 命令时提示安装。

我们现在正处于完整安装 Gym 的最后阶段！如果获得了 MuJoCo 许可证并遵循了 MuJoCo 的安装说明，就可以继续运行以下命令来完成完整的安装：

```
(rl_gym_book) praveen@ubuntu:~/gym$pip install -e '.[all]'
```

如果没有安装 MuJoCo，则此命令将返回错误。这样我们将安装除 MuJoCo（需要许可证才能使用）之外所需的 Gym 环境。请确保仍处于主文件夹下的 gym 目录中，并且现在仍在 rl_gym_book conda 环境中。计算机的提示符应该包括如下的 rl_gym_book 前缀，其中~/gym 表示提示符在主文件夹下的 gym 目录中。

```
(rl_gym_book) praveen@ubuntu:~/gym$
```

表 3-1 列出了在第 1 章中讨论过的环境的安装命令。

表 3-1

环境	安装命令
Atari	`pip install -e '.[atari]'`
Box2D	`pip install -e '.[box2d]'` `conda install -c *******conda.anaconda****/kne pybox2d`
经典控制	`pip install -e '.[classic_control]'`
MuJoCo (需要许可证)	`pip install -e '.[mujoco]'`
Robotics (需要许可证)	`pip install -e '.[robotics]'`

运行以下命令，安装 Atarti、Box2D 和经典控制这几个不需要许可证的环境：

```
(rl_gym_book) praveen@ubuntu:~/gym$pip install -e '.[atari]'
```

```
(rl_gym_book) praveen@ubuntu:~/gym$pip install -e '.[box2d]'
```

```
(rl_gym_book) praveen@ubuntu:~/gym$conda install -c
*******conda.anaconda****/kne pybox2d
```

```
(rl_gym_book) praveen@ubuntu:~/gym$pip install -e '.[classic_control]'
```

将以下代码复制并粘贴到~/rl_gym_book 目录下名为 test_box2d.py 的文件中进行快速检查，以确保安装正常：

```python
#!/usr/bin/env python
import gym
env = gym.make('BipedalWalker-v2')
env.reset()
for _ in range(1000):
    env.render()
    env.step(env.action_space.sample())
```

使用以下命令运行该段代码：

```
(rl_gym_book) praveen@ubuntu:~/gym$cd ~/rl_gym_book
```

```
(rl_gym_book) praveen@ubuntu:~/rl_gym_book$python test_box2d.py
```

此时界面中将弹出一个窗口，显示 BipedalWalker-v2 环境，其中行人会尝试随机执行某些操作，如图 3-3 所示。

至此，Gym 环境安装完毕。在 3.2 节中，我们将安装开发深度强化学习智能体的训练环境所需的工具和库。

图 3-3

3.2　安装深度强化学习所需的工具和库

在第 2 章中，我们介绍了强化学习的基础知识。有了这一理论背景，我们能够实现一些很酷的算法。首先，我们应确保安装了所需的工具和库。

实际上，我们可以在 Python 中编写很酷的强化学习算法而不使用任何高级库。不过，在用值函数或策略的函数近似器特别是用深度神经网络作为函数近似器时，最好使用高度优化的深度学习库而不是自己编写算法。深度学习库是我们主要需要安装的工具/库，还有其他的一些库，如 PyTorch、TensorFlow、Caffe、Chainer、MxNet 和 CNTK。每个库都有自己的设计理念、优点和缺点，这取决于应用场景。由于 PyTorch 使用简单和动态的图形定义，我们将使用它开发本书中的深度强化学习算法。我们将讨论算法以及实现本书中算法的方法，以便读者可以在自己选择的框架中轻松重写。

如果计算机上没有 GPU 或者不打算使用 GPU 训练，那么你可以跳过 GPU 驱动程序安装步骤，并使用以下 conda 命令安装仅支持 CPU 的 PyTorch 二进制版本：

```
(rl_gym_book) praveen@ubuntu:~$ conda install PyTorch-cpu torchvision -c pytorch
```

注意，这将导致本书中一部分智能体的训练无法利用 GPU 的加速。

3.2.1　安装必备的系统软件包

首先运行以下命令，确保计算机从 Ubuntu 上游代码库中获取了最新的软件包版本：

```
sudo apt-get update

sudo apt-get upgrade
```

接下来，安装必备软件包。注意，系统上可能已经安装了其中一部分软件包，但最好请先确保安装好所有软件包。

```
sudo apt-get install -y gfortran pkg-config software-properties-common
```

3.2.2　安装 CUDA

如果没有 NVIDIA GPU 或者 NVIDIA GPU 的版本过老不支持 CUDA，请跳过这一步，继续 PyTorch 的安装。

（1）从 NVIDIA 官方网站下载适用于 NVIDIA GPU 的最新 CUDA 驱动程序。

（2）在操作系统和架构下选择 **Linux**（主要是 x86_64），然后选择 Linux OS 发行版（Ubuntu）版本为 14.04、16.04 或 18.04，并选择 **deb（local）** 作为安装程序类型，以下载 CUDA 本地安装文件（如 cuda-repo-ubuntu1604-8-0-local_ 8.0.44-1_amd64）。请注意 CUDA 的版本（此处为 8.0），稍后安装 PyTorch 时将使用此 CUDA 版本。

（3）可以按照说明进行操作，或运行以下命令安装 CUDA：

```
sudo dpkg -i cuda-repo-ubuntu*.deb

sudo apt-get update

sudo apt-get install -y cuda
```

如果一切顺利，现在应该已成功安装了 CUDA。请运行以下命令进行快速检查以确保一切正常：

```
nvcc -V
```

这将打印出 CUDA 版本信息，如图 3-4 所示。注意，输出可能会有所不同，具体取决于安装的 CUDA 版本。

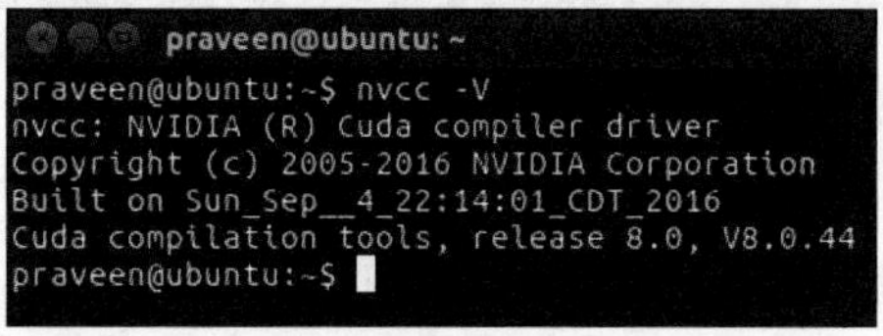

图 3-4

如果得到了类似的输出，那么恭喜你！

现在你可以继续在系统上安装最新的 **CUDA 深度神经网络**（cuDNN）。我们不会在本书中介绍安装步骤，因为安装步骤很简单，并已在 NVIDIA 官方网站的 cuDNN 下载页面上列出。注意，需要注册 NVIDIA 开发者账户才可下载。

3.2.3　安装 PyTorch

我们现在准备安装 PyTorch 了！幸运的是，它就像在 `rl_gym_book` conda 环境中运行以下命令一样简单：

```
(rl_gym_book) praveen@ubuntu:~$ conda install pytorch torchvision -c pytorch
```

注意，此命令将使用 CUDA 8.0 安装 PyTorch。根据之前安装的 CUDA 版本，命令可能会略有变化。如果安装的是 CUDA 9.1，则安装命令将为：

```
conda install pytorch torchvision cuda91 -c pytorch
```

我们可以根据操作系统、软件包管理器（conda、pip 或源代码）、Python 版本（本书使用的是 3.5）和 CUDA 版本在 PyTorch 官网上找到最新的安装命令。

让我们快速导入 PyTorch 库并确保它有效。将以下代码输入或复制到 ~/`rl_gym_book` 目录下名为 `pytorch_test.py` 的文件中：

```
#!/usr/bin/env python
import torch
t = torch.Tensor(3,3) # Create a 3,3 Tensor
print(t)
```

在 `rl_gym_book` conda 环境中运行此脚本，输出示例如图 3-5 所示。

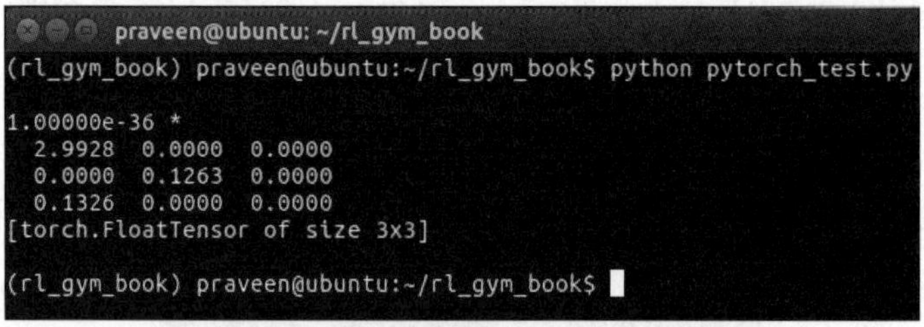

图 3-5

注意，打印出来的张量可能会有不同的值，并且再次运行脚本时可能会看到不同的值。这是因为 torch 软件包的实现问题。在我们的例子中，`Tensor()` 函数生成 (3, 3) 固定形状的随机张量。PyTorch 遵循与 NumPy 类似的语法。如果你熟悉 NumPy，就可以轻松使用 PyTorch。如果你不熟悉 NumPy 或 PyTorch，请参考 PyTorch 的官方教程。

你可能会注意到，在某些示例控制台屏幕截图中使用的文件夹名称是 rl_gym_book 而不是 HOIAWOG。这两个目录名可以互换。实际上，在本书中，它们是指向同一目录的符号链接。

3.3 小结

在本章中，我们展示了如何逐步设置 conda、OpenAI Gym 和 PyTorch，以及如何安装并配置我们的开发环境！本章帮助我们确保安装了所有必需的工具和库，以便在 Gym 环境中开发智能体。在第 4 章中，我们将探讨 Gym 环境的功能，以了解它们的工作原理以及如何使用它们来训练智能体。在第 5 章中，我们将直接开发第一个强化智能体，以解决过山车问题，并将在后续章节中逐步实现更复杂的强化学习智能体。

第 4 章　探索 Gym 及其功能

现在，相关的配置已准备完毕，我们可以开始探索 Gym 工具包提供的众多功能选项了。本章会带你了解常用的环境、可以解决的任务和智能体完成任务所涉及的内容。

本章主要包括以下内容：

- 探索多种 Gym 环境；

- 理解强化学习循环的结构；

- 理解不同的观测和动作空间。

4.1　探索环境列表和术语

我们先选取一个环境，借此了解 Gym 接口。通过前面几章关于安装测试内容的介绍，你可能对建立 Gym 环境的基本方法已经比较熟悉了。我们再来更正式地学习一下。

先启动 r1_gym_book 这个 conda 环境，打开一个 Python 命令行终端。第一步，用下面的代码载入 Gym 的 Python 模块：

```
import gym
```

我们可以用 gym.make 方法从可选环境列表中创建一个环境。你可能会问如何在系统中找到可选的 Gym 环境列表。我们会创建一个小的实用脚本来生成这个列表，然后就可以在需要时使用它。在 ~/rl_gym_book/ch4 目录下用以下代码创建一个名为 list_gym_envs.py 的脚本：

```
#!/usr/bin/env python
from gym import envs
env_names = [spec.id for spec in envs.registry.all()]
for name in sorted(env_names):
 print(name)
```

这个脚本会按字母表顺序打印出系统中所有可选的已安装环境。你可以运行以下命令来查看系统中已安装的可用环境的名称：

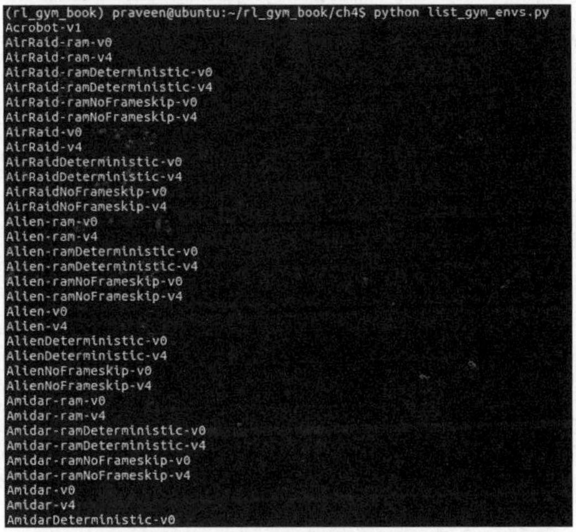

```
(rl_gym_book) praveen@ubntu:~/rl_gym_book/ch4$python list_gym_envs.py
```

输出如图 4-1 所示。注意，只有最前面的一些环境名称被展示出来了，正如在第 3 章中介绍的，根据在系统中安装环境的不同也许会有些许的差别。

图 4-1

从环境名列表中你可能会看到有些相似的名称，这是一些变体。例如，这里有 8 种不同的 Alien 环境变体。让我们在开始探索之前先尝试理解一下相关的术语。

4.1.1　术语

环境名中的单词 **ram** 是指环境所返回的观测结果，即运行游戏的 Atari 控制台存储在**随机存取存储器**（RAM）中的内容。

环境名中的单词 **Deterministic** 是指智能体每发送给环境**确定的/固定的**连续 4 帧动作后，环境返回相应的结果状态。

环境名中的单词 **NoFrameskip** 是指智能体每发送给环境一个动作后，环境立即返回相应的结果状态，中间不略过任何帧。

默认情况下，如果 **Deterministic** 和 **NoFrameskip** 不出现在环境名中，则每连续 n 帧动作会发送给环境，n 从 $\{2,3,4\}$ 中均匀采样。

环境名中字母 **v** 后面跟有一个表示环境版本的数字。这保证了环境中的任何改变都会反映到名字上。这样在比较不同算法的性能时就可以直接使用同一环境，而不用进行任何多余的描述。

让我们通过 Atari 游戏的 Alien 环境来理解一下这些术语！多种可用的版本号和描述见表 4-1。

表 4-1

版本号	描述
Alien-ram-v0	观测结果是 Atari 游戏存储在随机存取存储器中的内容，总计 128 字节。智能体每次将连续 n 帧动作发送给环境，n 从{2,3,4}中均匀采样
Alien-ram-v4	观测结果是 Atari 游戏存储在随机存取存储器中的内容，总计 128 字节。智能体每次将连续 n 帧动作发送给环境，n 从{2,3,4}中均匀采样。相比 v0，有一些改动
Alien-ramDeterministic-v0	观测结果是 Atari 游戏存储在随机存取存储器中的内容，总计 128 字节。智能体每次发送连续 4 帧动作
Alien-ramDeterministic-v4	观测结果是 Atari 游戏存储在随机存取存储器中的内容，总计 128 字节。智能体每次发送连续 4 帧动作。相比 v0 有一些改动
Alien-ramNoFrameskip-v0	观测结果是 Atari 游戏存储在随机存取存储器中的内容，总计 128 字节。智能体每发送给环境一个动作，环境立即返回相应的结果状态，中间不略过任何帧
Alien-v0	观测结果是一张尺寸为(210, 160, 3)的 RGB 屏幕图。智能体每次将连续 n 帧动作发送给环境，n 从{2, 3, 4}中均匀采样
Alien-v4	观测结果是一张尺寸为(210, 160, 3)的 RGB 屏幕图。智能体每次将连续 n 帧动作发送给环境，n 从{2, 3, 4}中均匀采样。相比 v0 有一些改动
AlienDeterministic-v0	观测结果是一张尺寸为(210, 160, 3)的 RGB 屏幕图。智能体每次发送连续 4 帧动作
AlienDeterministic-v4	观测结果是一张尺寸为(210, 160, 3)的 RGB 屏幕图。智能体每次发送连续 4 帧动作。相比 v0 有一些改动
AlienNoFrameskip-v0	观测结果是一张尺寸为(210, 160, 3)的 RGB 屏幕图。智能体每发送给环境一个动作，环境立即返回相应的结果状态，中间不略过任何帧
AlienNoFrameskip-v4	观测结果是一张尺寸为(210, 160, 3)的 RGB 屏幕图。智能体每发送给环境一个动作，环境立即返回相应的结果状态，中间不略过任何帧。相比 v0 有一些改动

RAM 出现在 Atari 环境中是个特例。

4.1.2 探索 Gym 环境

为了能清楚地看到环境是什么样的或者它的任务是什么样的，我们用一段简短的脚本来启动环境并设置一些随机行为。你可以从第 4 章的代码库中下载这段脚本，也可以用以下代码在~/rl_gym_book/ch4 下创建一个叫作 run_gym_env.py 的文件。

```python
#!/usr/bin/env python

import gym
import sys

def run_gym_env(argv):
    env = gym.make(argv[1]) # Name of the environment supplied as 1st argument
    env.reset()
    for _ in range(int(argv[2])):
        env.render()
        env.step(env.action_space.sample())
    env.close()
if __name__ == "__main__":
    run_gym_env(sys.argv)
```

这个脚本会以环境的名字作为第一个命令行参数，以运行步数作为第二个参数。例如，我们可以运行一个脚本：

(rl_gym_book) praveen@ubntu:~/rl_gym_book/ch4$python run_gym_env.py Alien-ram-v0 2000

这个脚本会启动 Alien-ram-v0 环境，并从环境的动作空间中随机选取动作运行 2000 次。

你会看到弹出一个 Alien-ram-v0 环境窗口，如图 4-2 所示。

图 4-2

4.2　理解 Gym 接口

让我们继续探索 Gym，理解开发会用到的 Gym 环境和智能体间的接口。我们再看一下第 2 章中用来讨论强化学习基本概念的示例，如图 4-3 所示。

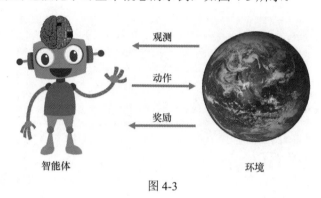

图 4-3

这张图是否让你理解了智能体和环境间的交互接口？我们会通过接口的介绍让你更好地理解这一概念。

执行 import gym 之后，我们用下列代码创建一个环境：

```
env = gym.make("ENVIRONMENT_NAME")
```

其中，ENVIRONMENT_NAME 是所需的环境名，从已在系统中安装的环境中选择。从图 4-3 中，我们可以看到第一个箭头从环境指向智能体，这里的"观测"表示**观测结果**。从第 2 章中，我们知道了局部可观测环境和全局可观测环境的区别，以及其中的状态和观测结果的区别。我们通过调用 env.reset() 来从环境中获得第一次观测结果，用下面一行代码把观测结果存储到变量 obs 中：

```
obs = env.reset()
```

现在智能体收到了观测结果，接下来轮到智能体执行动作并将其发送到环境中以观察反馈了。从本质上来说，这恰恰是开发算法需要解决的问题！我们会在后续章节中使用多种算法来开发智能体。

一旦确定执行什么动作，我们便使用 env.step() 方法把它送到环境中（图 4-3 中的第二个箭头）。我们会得到 4 个返回值，依次为 next_state、reward、done 和 info。

（1）next_state 是在上一个状态下执行动作后进入的环境状态。

一些环境会在 `next_state` 返回结果前在内部执行相同动作运行一步或更多步。我们之前讨论过的 **Deterministic** 和 **NoFrameskip** 类型就是这种环境。

（2）reward（图 4-3 中的第三个箭头）由环境返回。

（3）done 是一个布尔变量（true 或 false），如果这一回合（episode）结束了，则返回 true（这时需要重置环境），反之则返回 false。这对于智能体了解回合什么时候结束或者环境什么时候需要重置很有帮助。

（4）返回的 info 是一个可选变量，有的环境会返回一些额外信息。通常来说，智能体不使用这个变量来决定执行哪种动作。

表 4-2 是对 Gym 环境 step()方法的 4 个返回变量的详细总结，包括它们的类型和详细描述。

表 4-2

返回值	类型	描述
next_state	Object	环境返回的观测结果。观测结果可以是屏幕/相机的 RGB 像素数据、RAM 内容、机器人的关节角和关节速率，具体取决于环境
reward	Float	之前送达环境的动作获得的奖励。Float 值在不同环境中变化很大。但与环境无关的是，更高的奖励总是更好的，智能体需要最大化总奖励
done	Boolean	指出环境下一步是否需要重置。当这个布尔变量为真时，这一回合序列便结束了（智能体可能已经失去生命，或者超时，抑或满足其他回合终止条件）
info	Dict	环境中以任意键-值对的字典形式送出的一些可选额外信息。我们开发的智能体不应该依赖于这些字典中的信息做出决策。这些信息往往用于（如果可获得）调试流程

下列代码展示了通常的结构，但不能立即执行，因为 `ENVIRONMENT_NAME` 和 `agent.choose_action()` 还没被定义。

让我们把这些代码组合在一起，综合起来看一下。

```
import gym
env = gym.make("ENVIRONMENT_NAME")
obs = env.reset() # The first arrow in the picture
```

```
# Inner loop (roll out)
action = agent.choose_action(obs) # The second arrow in the picture
next_state, reward, done, info = env.step(action) # The third arrow (and more)
obs = next_state
# Repeat Inner loop (roll out)
```

我们希望你已经很好地理解了环境和智能体间的交互循环。上述过程会不断重复，直到你决定在若干回合或步数后终止循环。让我们现在看一下在 Qbert-v0 环境中每个回合的内部循环 MAX_STEPS_PER_EPISODE 步，然后循环 MAX_NUM_EPISODES 个回合的完整例子。

```
#!/usr/bin/env python
import gym
env = gym.make("Qbert-v0")
MAX_NUM_EPISODES = 10
MAX_STEPS_PER_EPISODE = 500
for episode in range(MAX_NUM_EPISODES):
    obs = env.reset()
    for step in range(MAX_STEPS_PER_EPISODE):
        env.render()
        action = env.action_space.sample()# Sample random action. This will
be replaced by our agent's action when we start developing the agent algorithms
        next_state, reward, done, info = env.step(action) # Send the action
to the environment and receive the next_state, reward and whether done or not
        obs = next_state

        if done is True:
            print("\n Episode #{} ended in {} steps.".format(episode,step+1))
            break
```

运行上述代码，你就能在界面中看到一个 Qbert 屏幕，而 Qbert 会采取随机动作得到一个分数，如图 4-4 所示。

同样，控制台会打印出类似于图 4-5 所示的语句。注意，因为动作是随机的，所以步数会不一样，具体取决于回合什么时候结束。

这个样例代码保存在第 4 章的代码库中，其名称为 rl_gym_boilerplate_code.py。它确实是样例代码，因为总体的程序结构会保持一样。在后续章节中构建智能体时，我们会扩展这段代码。

你可能注意到了，在本节前面的示例代码中，我们用 env.action_space.sample() 来代替之前第 3 章中的 action，即用 env.action_space 返回动作空间（例如，在 Alien-v0 中的 Discrete(18)）的类型，然后用 sample() 方法在 action_space 中随机采样。

rl_gym_boilerplate_code.py
00200

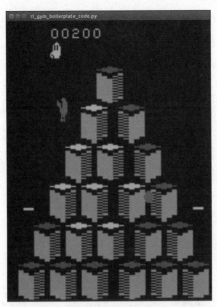

图 4-4

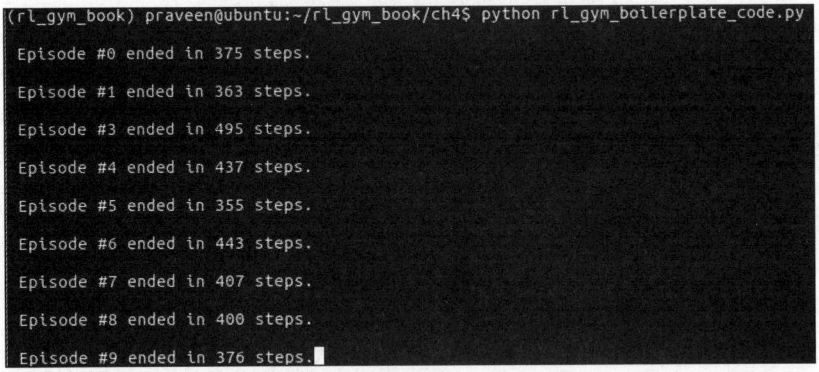

(rl_gym_book) praveen@ubuntu:~/rl_gym_book/ch4$ python rl_gym_boilerplate_code.py
Episode #0 ended in 375 steps.
Episode #1 ended in 363 steps.
Episode #3 ended in 495 steps.
Episode #4 ended in 437 steps.
Episode #5 ended in 355 steps.
Episode #6 ended in 443 steps.
Episode #7 ended in 407 steps.
Episode #8 ended in 400 steps.
Episode #9 ended in 376 steps.

图 4-5

我们会进一步探索 Gym 中的空间，以了解环境中的状态空间和动作空间。

4.3 Gym 中的空间

可以看到，每个 Gym 环境都是不同的。Atari 系列下的每个游戏环境也是不同的。例如，在 `VideoPinball-v0` 环境中，目标是用两块板持续弹开小球并根据球击中的位置得分，同时要求小球不能从两块板间的空隙掉落。但在另一个 Atari 游戏的环境 `Alien-v0` 中，目标是在迷宫（船中的房间）中移动并收集**圆点**，这表示摧毁外星人的蛋。可以通过收集一个圆点来获得分数并增大杀死外星人的概率。你感受到游戏/环境的丰富了吗？你怎么知道哪种动作在游戏中是符合规则的呢？

在 VideoPinball 环境中，动作是控制平板上下运动；而在 Alien 环境中，动作是控制玩家左、右、前、后移动。注意，在 VideoPinball 中没有"向左"或"向右"的动作。当我们看到其他游戏时，变化可能会更大。例如，就像在最新推出的带有机械臂的机器人这样的连续控制环境中，为了完成任务，对于连续的关节位置和关节速度，动作是不同的。同样的差异也会发生在环境的观测结果上。我们已经在 Atari 游戏中看到了不同的观测类型（RAM 与 RGB 图像）。

这就是为什么要在每个环境中定义观测结果和动作**空间**（数学意义上的）。在写这本书时，OpenAI Gym 有 6 种空间（加上一个叫作 `prng` 的随机种子）的支持。表 4-3 列出了这 6 种空间的类型、描述和用例。

表 4-3

空间类型	描述	用例
Box	一个 R^n 空间中的盒子（n 维盒子），每一个坐标轴上的边界用 [low, high] 来表示。值是一个有 n 位数字的数组。shape 定义了空间中的 n	gym.spaces.Box(low=-100, high=100, shape=(2,))
Discrete	离散的[0, n-1]区间内的整数值空间。Discrete() 定义了 n	gym.spaces.Discrete(4)
Dict	用于创建任意复杂空间的样本空间的字典。在例子中，一个字典空间被创建，它包含两个表示位置和速率的二维离散空间	gym.space.Dict({"position": gym.spaces.Discrete(3),"velocity": gym.spaces.Discrete(3)})
MultiBinary	n 维二元空间。MultiBinary() 定义了 n	gym.spaces.MultiBinary(5)
MultiDiscrete	多维离散空间	gym.spaces.MultiDiscrete([-10,10],[0,1])
Tuple	简单的空间组合	gym.spaces.Tuple((gym.spaces.Discrete(2), spaces.Discrete(2)))

`Box` 和 `Discrete` 是最常用的动作空间。我们现在对 Gym 中可用的多种空间类型有了基本的理解，接下来看一下如何确定一个环境用了哪些观测结果和动作空间。

下面的代码会打印出给定环境的观测对象和动作空间，如果遇到 Box 空间，也会选择性地打印上界和下界。另外，如果环境给定了，它也会打印出可能的动作描述/意义。

```
#!/usr/bin/env python
import gym
from gym.spaces import *
import sys

def print_spaces(space):
    print(space)
    if isinstance(space, Box): # Print lower and upper bound if it's a Box space
        print("\n space.low: ", space.low)
        print("\n space.high: ", space.high)

if __name__ == "__main__":
    env = gym.make(sys.argv[1])
    print("Observation Space:")
    print_spaces(env.observation_space)
    print("Action Space:")
    print_spaces(env.action_space)
    try:
        print("Action description/meaning:",env.unwrapped.get_action_meanings())
    except AttributeError:
        pass
```

这个名为 get_obervation_action_space.py 的脚本同样可以在第 4 章的代码库中下载。你可以用如下代码运行这个脚本，并以环境名作为第一个参数。

(rl_gym_book) praveen@ubuntu:~/rl_gym_book/ch4$ python get_observation_action_space.py CartPole-v0

执行上述代码，输出如图 4-6 所示。

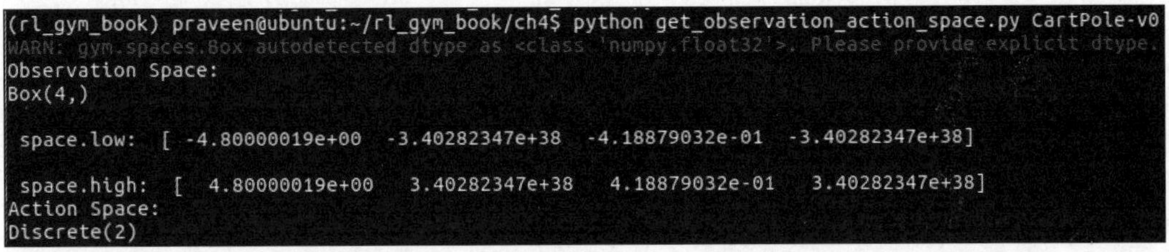

图 4-6

在这个例子中，CartPole-v0 环境中的观测空间为 Box(4,)，对应 cart position、cart velocity、pole angle 和 pole velocity 这 4 个 box 值。

动作空间为 Discrete(2)，即**向左推小车**和**向右推小车**，分别对应离散值 0 和 1。

让我们看一下空间更复杂的一个例子。运行一个带 BipedalWalker-v2 环境的脚本：

```
(rl_gym_book) praveen@ubuntu:~/rl_gym_book/ch4$ python
get_observation_action_space.py BipedalWalker-v2
```

执行上述代码，输出如图 4-7 所示。

```
(rl_gym_book) praveen@ubuntu:~/rl_gym_book/ch4$ python get_observation_action_space.py BipedalWalker-v2
WARN: gym.spaces.Box autodetected dtype as <class 'numpy.float32'>. Please provide explicit dtype.
WARN: gym.spaces.Box autodetected dtype as <class 'numpy.float32'>. Please provide explicit dtype.
Observation Space:
Box(24,)

 space.low:  [-inf -inf -inf -inf -inf -inf -inf -inf -inf -inf -inf -inf -inf -inf -inf
 -inf -inf -inf -inf -inf -inf -inf -inf -inf]

 space.high: [ inf  inf  inf  inf  inf  inf  inf  inf  inf  inf  inf  inf  inf  inf  inf
  inf  inf  inf  inf  inf  inf  inf  inf  inf]
Action Space:
Box(4,)

 space.low:  [-1. -1. -1. -1.]

 space.high: [ 1.  1.  1.  1.]
```

图 4-7

表 4-4 列出了 Bipedal Walker（v2）环境的状态空间的细节描述。

表 4-4

索引	名称/描述	最小值	最大值
0	hull_angle	0	2*pi，即 2π
1	hull_angularVelocity	−inf	+inf
2	vel_x	−1	+1
3	vel_y	−1	+1
4	hip_joint_1_angle	−inf	+inf
5	hip_joint_1_speed	−inf	+inf
6	knee_joint_1_angle	−inf	+inf
7	knee_joint_1_speed	−inf	+inf
8	leg_1_ground_contact_flag	0	1
9	hip_joint_2_angle	−inf	+inf
10	hip_joint_2_speed	−inf	+inf
11	knee_joint_2_angle	−inf	+inf
12	knee_joint_2_speed	−inf	+inf
13	leg_2_ground_contact_flag	0	1
14～23	10 个激光雷达读数	−inf	+inf

你看到的状态空间有一点复杂，这不难理解，因为它是双足机器人的。它更像我们在真实生活中所看到的真正的双足机器人的系统和传感器配置，类似于 2015 年的 DARPA 机器人挑战赛中引人瞩目的波士顿动力（当时还属于 Alphabet 公司）的 Atlas 双足机器人。

表 4-5 给出了一个 Bipedal Walker（v2）环境的动作空间的详细描述。

表 4-5

索引	名称/描述	最小值	最大值
0	Hip_1（转矩/速度）	−1	+1
1	Knee_1（转矩/速度）	−1	+1
2	Hip_2（转矩/速度）	−1	+1
3	Knee_2（转矩/速度）	−1	+1

转矩控制是默认的控制方式，用于控制作用在关节上的力矩大小。

4.4　小结

在本章中，我们探索了前面安装好的 Gym 环境，了解了环境的命名习惯和术语；回顾了智能体-环境交互（强化学习循环）图例，重新理解了 Gym 环境是如何提供相关接口的，以及图 4-3 中每个箭头所对应的含义；然后用易于理解的方式对 Gym 环境中 step() 方法返回的 4 个值进行了充分的总结，**强化了**对它们的理解。

我们还探索了 Gym 中用于观测结果和动作空间的多种空间类型的细节，用脚本打印出了一个环境所用到的空间，以更好地理解 Gym 环境接口。在第 5 章中，我们会开发第一个人工智能体！

第5章 实现第一个智能体——解决过山车问题

在前面的章节中，我们介绍了 OpenAI Gym 的特性，以及如何在程序中安装、配置和使用 Gym，还讨论了强化学习的基础知识和深度强化学习的概念，构建了 PyTorch 深度学习例库以开发深度强化学习应用程序。在本章中，我们将开发第一个智能体，让它学习如何解决过山车问题。在后续章节中，你会对开发强化学习算法以解决 OpenAI Gym 中的问题更加熟练，进而能够解决更具挑战性的问题。在本章中，我们首先探讨强化学习及最优控制领域的热门话题——"过山车问题"，从零开始学习开发智能体，并用 Gym 训练它解决过山车问题。最后，我们会介绍如何迭代该智能体，并思考如何对其进行优化以解决更复杂的问题。

本章主要包括以下内容：

- 探讨过山车问题；

- 实现一个基于强化学习的智能体，以解决过山车问题；

- 在 Gym 环境中训练一个强化学习智能体；

- 测试该智能体的表现。

5.1 了解过山车问题

对于任何强化学习问题，无论我们使用何种学习算法，关于该问题的两个基本定义（状态空间和动作空间）都是重要的。前文提到，状态和动作空间可以是离散的，也可以是连续的。在大多数问题中，状态空间由连续值组成，表示为向量、矩阵或张量（多维矩阵）。离散动作空间中的问题和环境比连续空间中的问题和环境稍容易。在本书中，我们将针对一些问题的环境使用组合的状态空间和动作空间来开发强化学习算法，以便读者能够轻松处理在为自己的应用程序开发智能体和算法时所遇到的各类变化。

在学习过山车环境的状态空间和动作空间之前，我们首先详细了解过山车问题。

过山车问题和环境

在过山车 Gym 环境中，一辆汽车位于两座山之间的一维轨道上，需要开至右侧的山上。然而由于该汽车引擎动力有限，即便开到最快，仍无法到达山顶。因此，唯一的解决方法是来回行驶以增强势能。简而言之，过山车问题是"如何将一辆动力不足的汽车开至山顶"。

在实现智能体之前，先了解其环境、问题、状态和动作空间将大有裨益。那么，我们如何找到过山车环境的状态和动作空间呢？在第 4 章中，我们编写了一个名为 get_observation_action_space.py 的脚本，将选择环境名作为脚本的第一个参数，然后打印出该环境的状态、观测结果以及动作空间。请用以下命令打印出 MountainCar-v0 环境的所有空间。

```
(rl_gym_book) praveen@ubuntu:~/rl_gym_book/ch4$ python
get_observation_action_space.py 'MountainCar-v0'
```

命令提示符有 rl_gym_book 前缀，这表示已激活名为 rl_gym_book 的 conda Python 虚拟环境。此外，当前目录~/rl_gym_book/ch4 表示该脚本是在第 4 章所对应的代码库目录中运行的。

以上命令将输出如下结果：

```
Observation Space:
Box(2,)

 space.low: [-1.20000005 -0.07 ]

 space.high: [ 0.60000002 0.07 ]
Action Space:
Discrete(3)
```

从这个结果中可以看到，状态和观测空间是一个二维盒子，而动作空间是三维且离散的。

如果想要复习什么是**盒子**和**离散空间**，可快速翻阅 4.3 节查找这些空间的定义——理解这些概念非常重要。

表 5-1 对状态和动作空间的类型、描述、允许值的范围进行了总结。

表 5-1

MountainCar-v0 环境	类型	描述	范围
状态空间	Box(2,)	(位置，速度)	位置：−1.2～0.6 速度：−0.07～0.07
动作空间	Discrete(3)	0: 向左行驶 1: 滑行/静止不动 2: 向右行驶	0, 1, 2

例如，汽车在−0.6 和−0.4 之间的随机位置以零速度出发，目标是到达右侧位于 0.5 位置处的山顶（该辆车在技术上可到达超过 0.5 的位置，最高可达 0.6）。每行驶一步，环境将发送一次−1 作为奖励直到到达目标位置 0.5。若汽车到达位置 0.5 处或步数达到 200，done 变量将等于 True。

5.2　从零开始实现 Q-Learning 智能体

在本节中，我们将逐步应用智能体。我们使用 NumPy 库和 OpenAI Gym 中的 MountainCar-V0 环境来实现著名的 Q-Learning 算法。

首先回顾一下第 4 章中使用的强化学习 Gym 的样例代码：

```
#!/usr/bin/env python
import gym
env = gym.make("Qbert-v0")
MAX_NUM_EPISODES = 10
MAX_STEPS_PER_EPISODE = 500
for episode in range(MAX_NUM_EPISODES):
    obs = env.reset()
    for step in range(MAX_STEPS_PER_EPISODE):
        env.render()
        action = env.action_space.sample()# Sample random action. This will
be replaced by our agent's action when we start developing the agent algorithms
        next_state, reward, done, info = env.step(action) # Send the action
to the environment and receive the next_state, reward and whether done or not
        obs = next_state

        if done is True:
            print("\n Episode #{} ended in {} steps.".format(episode,step+1))
            break
```

这段代码是开发强化学习智能体很好的起点（样板）。首先请将环境名称从 Qbert-v0 改为 MountainCar-v0。注意，在前面的脚本中，我们设置了 MAX_STEPS_PER_EPISODE，这是该智能体在该回合结束前可执行的最大步数或动作。这在连续、永久或循环环境中很有用，因为该类环境自身不会终止当前回合。这里，我们为智能体设定了限制以避免无限循环。但是，**OpenAI Gym** 中的大多数环境有回合终止条件，一旦满足其中任何一个条件，env.step(...) 函数返回的 done 变量便会变为 True。例如，在 5.1 节所举的过山车例子中，当汽车到达目标位置（0.5）或步数达到 200 时，环境会终止该回合。因此，我们可以进一步简化过山车环境的代码，如下所示：

```python
#!/usr/bin/env python
import gym
env = gym.make("MountainCar-v0")
MAX_NUM_EPISODES = 5000

for episode in range(MAX_NUM_EPISODES):
    done = False
    obs = env.reset()
    total_reward = 0.0 # To keep track of the total reward obtained in each episode
    step = 0
    while not done:
        env.render()
        action = env.action_space.sample()# Sample random action. This will
be replaced by our agent's action when we start developing the agent algorithms
        next_state, reward, done, info = env.step(action) # Send the action
to the environment and receive the next_state, reward and whether done or not
        total_reward += reward
        step += 1
        obs = next_state

    print("\n Episode #{} ended in {} steps.
total_reward={}".format(episode, step+1, total_reward))
env.close()
```

如果运行上述脚本，就会看到过山车环境在新窗口中出现，汽车随机左右移动 1000 个回合。你可以看到回合编号、行进步数，以及每个回合结束时所获得的全部奖励，如图 5-1 所示。

该样本的输出结果如图 5-2 所示。

```
praveen@ubuntu: ~/rl_gym_book/ch5
praveen@ubuntu:~/rl_gym_book/ch5$ . activate rl_gym_book
(rl_gym_book) praveen@ubuntu:~/rl_gym_book/ch5$ python Q_learner_MountainCar.py
WARN: gym.spaces.Box autodetected dtype as <class 'numpy.float32'>. Please provide explicit dtype.
Episode#:0 reward:-200.0 best_reward:-200.0 eps:0.9999499999999993
Episode#:1 reward:-200.0 best_reward:-200.0 eps:0.9998999999999986
Episode#:2 reward:-200.0 best_reward:-200.0 eps:0.9998499999999979
Episode#:3 reward:-200.0 best_reward:-200.0 eps:0.9997999999999972
Episode#:4 reward:-200.0 best_reward:-200.0 eps:0.9997499999999965
Episode#:5 reward:-200.0 best_reward:-200.0 eps:0.9996999999999581
Episode#:6 reward:-200.0 best_reward:-200.0 eps:0.9996499999999511
Episode#:7 reward:-200.0 best_reward:-200.0 eps:0.9995999999999441
Episode#:8 reward:-200.0 best_reward:-200.0 eps:0.9995499999999371
Episode#:9 reward:-200.0 best_reward:-200.0 eps:0.9994999999999301
Episode#:10 reward:-200.0 best_reward:-200.0 eps:0.9994499999999231
Episode#:11 reward:-200.0 best_reward:-200.0 eps:0.9993999999999161
Episode#:12 reward:-200.0 best_reward:-200.0 eps:0.9993499999999091
Episode#:13 reward:-200.0 best_reward:-200.0 eps:0.9992999999999022
Episode#:14 reward:-200.0 best_reward:-200.0 eps:0.9992499999998952
Episode#:15 reward:-200.0 best_reward:-200.0 eps:0.9991999999998882
Episode#:16 reward:-200.0 best_reward:-200.0 eps:0.9991499999998812
Episode#:17 reward:-200.0 best_reward:-200.0 eps:0.9990999999998742
Episode#:18 reward:-200.0 best_reward:-200.0 eps:0.9990499999998672
Episode#:19 reward:-200.0 best_reward:-200.0 eps:0.9989999999998602
Episode#:20 reward:-200.0 best_reward:-200.0 eps:0.9989499999998532
Episode#:21 reward:-200.0 best_reward:-200.0 eps:0.9988999999998462
Episode#:22 reward:-200.0 best_reward:-200.0 eps:0.9988499999998393
Episode#:23 reward:-200.0 best_reward:-200.0 eps:0.9987999999998323
Episode#:24 reward:-200.0 best_reward:-200.0 eps:0.9987499999998253
Episode#:25 reward:-200.0 best_reward:-200.0 eps:0.9986999999998183
Episode#:26 reward:-200.0 best_reward:-200.0 eps:0.9986499999998113
Episode#:27 reward:-200.0 best_reward:-200.0 eps:0.9985999999998043
Episode#:28 reward:-200.0 best_reward:-200.0 eps:0.9985499999997973
Episode#:29 reward:-200.0 best_reward:-200.0 eps:0.9984999999997903
Episode#:30 reward:-200.0 best_reward:-200.0 eps:0.9984499999997833
Episode#:31 reward:-200.0 best_reward:-200.0 eps:0.9983999999997764
Episode#:32 reward:-200.0 best_reward:-200.0 eps:0.9983499999997694
Episode#:33 reward:-200.0 best_reward:-200.0 eps:0.9982999999997624
Episode#:34 reward:-200.0 best_reward:-200.0 eps:0.9982499999997554
Episode#:35 reward:-200.0 best_reward:-200.0 eps:0.9981999999997484
Episode#:36 reward:-200.0 best_reward:-200.0 eps:0.9981499999997414
Episode#:37 reward:-200.0 best_reward:-200.0 eps:0.9980999999997344
Episode#:38 reward:-200.0 best_reward:-200.0 eps:0.9980499999997274
Episode#:39 reward:-200.0 best_reward:-200.0 eps:0.9979999999997204
Episode#:40 reward:-200.0 best_reward:-200.0 eps:0.9979499999997135
Episode#:41 reward:-200.0 best_reward:-200.0 eps:0.9978999999997065
Episode#:42 reward:-200.0 best_reward:-200.0 eps:0.9978499999996995
Episode#:43 reward:-200.0 best_reward:-200.0 eps:0.9977999999996925
Episode#:44 reward:-200.0 best_reward:-200.0 eps:0.9977499999996855
Episode#:45 reward:-200.0 best_reward:-200.0 eps:0.9976999999996785
Episode#:46 reward:-200.0 best_reward:-200.0 eps:0.9976499999996715
Episode#:47 reward:-200.0 best_reward:-200.0 eps:0.9975999999996645
Episode#:48 reward:-200.0 best_reward:-200.0 eps:0.9975499999996575
Episode#:49 reward:-200.0 best_reward:-200.0 eps:0.9974999999996586
Episode#:50 reward:-200.0 best_reward:-200.0 eps:0.9974499999996436
Episode#:51 reward:-200.0 best_reward:-200.0 eps:0.9973999999996366
Episode#:52 reward:-200.0 best_reward:-200.0 eps:0.9973499999996296
Episode#:53 reward:-200.0 best_reward:-200.0 eps:0.9972999999996226
Episode#:54 reward:-200.0 best_reward:-200.0 eps:0.9972499999996156
Episode#:55 reward:-200.0 best_reward:-200.0 eps:0.9971999999996086
Episode#:56 reward:-200.0 best_reward:-200.0 eps:0.9971499999996016
```

图 5-1

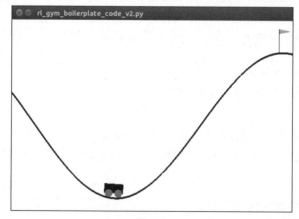

图 5-2

让我们回忆一下，智能体每前进一步都获得–1 的奖励，并且 `MountainCar-v0` 环境将在 200 步之后终止该回合，这就是为什么智能体有时可能会得到–200 的总奖励！毕竟，智能体随意地行动着，没有思考或从以前的经历中学习。理想情况下，我们希望智能体能弄清楚如何用最少的步数到达山顶（靠近旗帜、在或超过位置 0.5）。别担心，我们会在本章最后构建这样一个智能体！

请始终牢记，在运行脚本之前先启动 `rl_gym_book` conda 环境！否则，你会在运行时遇到 **Module not found** 这种本可以避免的错误。你可以通过观察所开启的终端前缀来判断是否启动了环境，如果正确启动，就会显示（`rl_gym_book`）`praveen@ubuntu:~/rl_gym_book/ch5$`。

下面让我们开始学习 Q-Learning。

5.2.1 Q-Learning 回顾

在第 2 章中，我们讨论了 SARSA 和 Q-Learning 算法。这两个算法都提供了系统方式来更新以 $Q_\pi(s,a)$ 表示的动作-值函数。在实际情况中，我们看到 Q-Learning 是一个离线策略学习算法，即当前动作和状态对应的动作-值估计在更新的时候，会先依据当前策略模拟生成所有可能的下一状态子序列，再从中选取下一个状态 s' 可获得的最大动作-状态值，并将其用于更新当前状态下动作所对应的动作-值估计，如下式所示：

$$Q_\pi(s,a) = Q_\pi(s,a) + \alpha[r + \gamma \max_{a'inA} Q(s',a') - Q_\pi(s,a)]$$

在 5.2.2 节中，我们将用 Python 实现 `Q_Learner` 类，包括这个学习更新规则与其他必要的功能和方法。

5.2.2 使用 Python 和 NumPy 实现 Q-Learning 智能体

要实现自己的 Q-Learning 智能体，我们需要先实现 `Q_Learner` 类。这个类的主要方法有 `__init__(self, env)`、`discretize(self, obs)`、`get_action(self, obs)` 和 `learn(self, obs, action, reward, next_obs)`。

你会发现在本书实现的智能体中几乎都包含这些方法。一次又一次重复（会有一些小幅修改）这些方法会让你更容易理解它们。

通常来说，`discretize()` 函数对于智能体的实现不是必需的，但当状态空间较大且连续时，最好将其离散化到一个有限集合或者一定范围的值域中，以简化表示。这同样减少了 Q-Learning 算法需要学习的值的数量，这意味着值不仅是有限数量的，还可以用更简洁的 *n* 维数组以表格的形式来取代复杂函数进行表示。另外，Q-Learning 算法使用最优化控制，在 Q 值使用表格形式表示时可以保证收敛。

1. 定义超参数

在声明 Q_Learner 类前，我们先初始化一些有用的超参数。一些会用于 Q_Learner 实现的超参数如下。

（1）EPSILON_MIN：这是我们为智能体在使用 ε-贪婪策略时设置的最小 ε 值。

（2）MAX_NUM_EPISODES：这是我们为智能体在使用 ε-贪婪策略时设置的最大 ε 值。

（3）STEPS_PER_EPISODE：这是每个回合中的最大步数。这可以是环境允许每个回合的最大步数，也可以是我们基于时间限制设置的步数。在每个回合设置一个更高的步数值意味着这个回合会在非终止环境中花费更长时间。环境只有在达到步数限制时才会重置，这是为了智能体在某处被困也不会就此失效而设置的。

（4）ALPHA：这是智能体使用的学习率，是前面 Q-Learning 更新公式中的 α。学习率在一些算法的训练过程中需要不断调整。

（5）GAMMA：这是智能体用于权衡未来奖励的折扣系数。同样对应前面 Q-Learning 更新公式中的 γ。

（6）NUM_DISCRETE_BINS：这个值表示状态空间的每个维度会被离散到多少个桶中。对于过山车环境，我们会把状态空间的每个维度离散到 30 个桶中。你可以设置更高/更低的值。

 我们在本章前面的样例代码中定义了 MAX_NUM_EPISODES 和 STEPS_PER_EPISODE。

这些超参数及其初始值在 Python 代码中的定义如下：

```
EPSILON_MIN = 0.005
max_num_steps = MAX_NUM_EPISODES * STEPS_PER_EPISODE
EPSILON_DECAY = 500 * EPSILON_MIN / max_num_steps
ALPHA = 0.05 # Learning rate
GAMMA = 0.98 # Discount factor
NUM_DISCRETE_BINS = 30 # Number of bins to Discretize each observation dim
```

2. 实现 Q_Learner 类的 __init__ 函数

接下来，我们探究 Q_Learner 类的成员函数定义。__init__(self,env) 函数采用环境实例 env 作为输入参数来初始化观测空间和动作空间的维度/尺寸，同样也基于设置的 NUM_DISCRETE_BINS 确定了用于离散化观测空间的参数。同样，__init__(self,env) 函数也基于离散化后的观测空间的尺寸和动作空间的维度使用 NumPy 数组初始化了 Q 函数。因为我们只初始化了那些对于智能体必要的值，所以__init__(self,env)的实现是非常直接的。代码如下：

```
class Q_Learner(object):
    def __init__(self, env):
        self.obs_shape = env.observation_space.shape
        self.obs_high = env.observation_space.high
        self.obs_low = env.observation_space.low
        self.obs_bins = NUM_DISCRETE_BINS # Number of bins to Discretize
each observation dim
        self.bin_width = (self.obs_high - self.obs_low) / self.obs_bins
        self.action_shape = env.action_space.n
        # Create a multi-dimensional array (aka. Table) to represent the
        # Q-values
        self.Q = np.zeros((self.obs_bins + 1, self.obs_bins + 1,
                           self.action_shape)) # (51 × 51 × 3)
        self.alpha = ALPHA # Learning rate
        self.gamma = GAMMA # Discount factor
        self.epsilon = 1.0
```

3. 实现 Q_Learner 类的 discretize 方法

让我们花一点时间来理解如何离散化观测空间。对于离散化观测空间（和其他度量空间），最简单也最有效的方式是，将取值跨度分成一个由许多数值组（桶）组成的有限集。取值跨度由空间中每个维度的可能最大值和最小值的差值确定。一旦算出了取值跨度，我们就可以用之前确定的 NUM_DISCRETE_BINS 来分割并获得每个桶的宽度。我们之所以在__init__函数中计算桶宽度，是因为它在每次新的观测中不会发生变化。discretize(self,obs) 函数收到每个新观测结果并应用离散步骤来找出观测结果应该属于离散后空间中的哪个桶。它可以进行如下的简单处理：

```
(obs - self.obs_low) / self.bin_width
```

我们希望观测结果属于任何一个桶（而不是介于桶间），所以将前面的结果转为整型：

```
((obs - self.obs_low) / self.bin_width).astype(int)
```

最后，我们将离散后的观测值作为一个元组返回。所有操作可以写在一行 Python 代码中：

```
def discretize(self, obs):
        return tuple(((obs - self.obs_low) / self.bin_width).astype(int))
```

4. 实现 Q_Learner 类的 get_action 方法

我们想让智能体在给定一个观测时采取一个动作。get_action(self, obs)是一个能够在给定一组观测时产生对应动作的函数。最广泛使用的选择策略是 ε-贪婪策略，每次会以（较高的）概率 $1-\varepsilon$ 选取最佳的动作，或者以（较低的）概率 ε 采取一个随机动作。我们用 NumPy 中 random 模块的 random()方法来实现这个 ε-贪婪策略，代码如下：

```python
def get_action(self, obs):
    discretized_obs = self.discretize(obs)
    # Epsilon-Greedy action selection
    if self.epsilon > EPSILON_MIN:
        self.epsilon -= EPSILON_DECAY
    if np.random.random() > self.epsilon:
        return np.argmax(self.Q[discretized_obs])
    else: # Choose a random action
        return np.random.choice([a for a in range(self.action_shape)])
```

5. 实现 Q_Learner 类的 learn 方法

正如你猜到的，learn 方法是 Q_Learner 类中最重要的方法，可用于让智能体学到具有魔力的 Q 值，具备不断采取智能动作的能力！最棒的是它的实现并不复杂！它仅仅实现了我们之前看到的 Q-Learning 更新公式。不相信我说它很容易实现？让我们来看这个学习函数的实现：

```python
def learn(self, obs, action, reward, next_obs):
    discretized_obs = self.discretize(obs)
    discretized_next_obs = self.discretize(next_obs)
    td_target = reward + self.gamma *
np.max(self.Q[discretized_next_obs])
    td_error = td_target - self.Q[discretized_obs][action]
    self.Q[discretized_obs][action] += self.alpha * td_error
```

现在你同意我的观点了吗？　我们可以用下面的代码把更新公式写出来：

```python
self.Q[discretized_obs][action] += self.alpha * (reward + self.gamma *
np.max(self.Q[discretized_next_obs] - self.Q[discretized_obs][action]
```

但是，每一项都在单独一行进行计算，这样就更容易阅读和理解。

6. 完整的 Q_Learner 类实现

如果我们把所有方法实现放在一起，就会得到下面的代码：

```python
EPSILON_MIN = 0.005
max_num_steps = MAX_NUM_EPISODES * STEPS_PER_EPISODE
```

```python
EPSILON_DECAY = 500 * EPSILON_MIN / max_num_steps
ALPHA = 0.05 # Learning rate
GAMMA = 0.98 # Discount factor
NUM_DISCRETE_BINS = 30 # Number of bins to Discretize each observation dim


class Q_Learner(object):
    def __init__(self, env):
        self.obs_shape = env.observation_space.shape
        self.obs_high = env.observation_space.high
        self.obs_low = env.observation_space.low
        self.obs_bins = NUM_DISCRETE_BINS # Number of bins to Discretize
each observation dim
        self.bin_width = (self.obs_high - self.obs_low) / self.obs_bins
        self.action_shape = env.action_space.n
        # Create a multi-dimensional array (aka. Table) to represent the
        # Q-values
        self.Q = np.zeros((self.obs_bins + 1, self.obs_bins + 1,
                          self.action_shape)) # (51 × 51 × 3)
        self.alpha = ALPHA # Learning rate
        self.gamma = GAMMA # Discount factor
        self.epsilon = 1.0

    def discretize(self, obs):
        return tuple(((obs - self.obs_low) / self.bin_width).astype(int))

    def get_action(self, obs):
        discretized_obs = self.discretize(obs)
        # Epsilon-Greedy action selection
        if self.epsilon > EPSILON_MIN:
            self.epsilon -= EPSILON_DECAY
        if np.random.random() > self.epsilon:
            return np.argmax(self.Q[discretized_obs])
        else: # Choose a random action
            return np.random.choice([a for a in range(self.action_shape)])

    def learn(self, obs, action, reward, next_obs):
        discretized_obs = self.discretize(obs)
        discretized_next_obs = self.discretize(next_obs)
        td_target = reward + self.gamma * np.max(self.Q[discretized_next_obs])
        td_error = td_target - self.Q[discretized_obs][action]
        self.Q[discretized_obs][action] += self.alpha * td_error
```

至此，我们就开发出了一个智能体。接下来该做什么呢？当然是在 Gym 环境中训练智能体！

5.3　在 Gym 中训练强化学习智能体

你现在应该对训练一个 Q-Learning 智能体很熟悉了，因为前面的样例代码使用了很多同样的代码和相似的结构。这里不再使用环境动作空间中的随机动作，而是用 `agent.get_action(obs)` 方法来获取智能体的动作，并在将智能体的动作送到环境并获取反馈后调用 `agent.learn(obs, action, reward, next_obs)` 方法。训练函数如下所示：

```
def train(agent, env):
    best_reward = -float('inf')
    for episode in range(MAX_NUM_EPISODES):
        done = False
        obs = env.reset()
        total_reward = 0.0
        while not done:
            action = agent.get_action(obs)
            next_obs, reward, done, info = env.step(action)
            agent.learn(obs, action, reward, next_obs)
            obs = next_obs
            total_reward += reward
        if total_reward > best_reward:
            best_reward = total_reward
        print("Episode#:{} reward:{} best_reward:{} eps:{}".format(episode,
                                total_reward, best_reward, agent.epsilon))
    # Return the trained policy
    return np.argmax(agent.Q, axis=2)
```

5.4　测试并记录智能体的性能

一旦在 Gym 中训练了智能体，我们自然想要评估它学得怎么样。为此，我们需要做一个测试。`test(agent, env, policy)` 以一个智能体、环境实例和智能体的策略作为输入来测试智能体在环境中的性能，并返回一个完整回合的总奖励。它和我们之前看到的 `train(agent, env)` 相似，但是并不会让智能体学习或者更新 Q 值估计。

```
def test(agent, env, policy):
    done = False
    obs = env.reset()
    total_reward = 0.0
    while not done:
        action = policy[agent.discretize(obs)]
        next_obs, reward, done, info = env.step(action)
```

```
                obs = next_obs
                total_reward += reward
        return total_reward
```

注意，test(agent, env, policy)函数在一个回合中评估智能体的性能并返回智能体在其中所获得的总奖励。我们要评估智能体在多个回合中的性能来获取更可靠的评价。同样，Gym 也提供了一个名为 **monitor** 的有用的封装函数来记录智能体的进展并保存为视频文件。下面的代码展示了如何测试 1000 个回合中智能体的性能，在视频文件中记录智能体的动作并保存到 gym_monitor_path 目录下。

```
if __name__ == "__main__":
    env = gym.make('MountainCar-v0')
    agent = Q_Learner(env)
    learned_policy = train(agent, env)
    # Use the Gym Monitor wrapper to evaluate the agent and record video
    gym_monitor_path = "./gym_monitor_output"
    env = gym.wrappers.Monitor(env, gym_monitor_path, force=True)
    for _ in range(1000):
        test(agent, env, learned_policy)
    env.close()
```

5.5　一个简单且完整的 Q-Learner 实现——过山车问题的解决方案

在本节中，我们把所有代码放到一个单独的 Python 脚本中，以初始化环境、启动智能体的训练过程、获取策略、测试智能体性能，并记录它在环境中的动作！

```
#!/usr/bin/env/ python
import gym
import numpy as np

MAX_NUM_EPISODES = 50000
STEPS_PER_EPISODE = 200 # This is specific to MountainCar. May change with
env
EPSILON_MIN = 0.005
max_num_steps = MAX_NUM_EPISODES * STEPS_PER_EPISODE
EPSILON_DECAY = 500 * EPSILON_MIN / max_num_steps
ALPHA = 0.05 # Learning rate
GAMMA = 0.98 # Discount factor
NUM_DISCRETE_BINS = 30 # Number of bins to Discretize each observation dim

class Q_Learner(object):
    def __init__(self, env):
        self.obs_shape = env.observation_space.shape
```

```
        self.obs_high = env.observation_space.high
        self.obs_low = env.observation_space.low
        self.obs_bins = NUM_DISCRETE_BINS # Number of bins to Discretize
each observation dim
        self.bin_width = (self.obs_high - self.obs_low) / self.obs_bins
        self.action_shape = env.action_space.n
        # Create a multi-dimensional array (aka. Table) to represent the
        # Q-values
        self.Q = np.zeros((self.obs_bins + 1, self.obs_bins + 1,
                            self.action_shape)) # (51 × 51 × 3)
        self.alpha = ALPHA # Learning rate
        self.gamma = GAMMA # Discount factor
        self.epsilon = 1.0

    def discretize(self, obs):
        return tuple(((obs - self.obs_low) / self.bin_width).astype(int))

    def get_action(self, obs):
        discretized_obs = self.discretize(obs)
        # Epsilon-Greedy action selection
        if self.epsilon > EPSILON_MIN:
            self.epsilon -= EPSILON_DECAY
        if np.random.random() > self.epsilon:
            return np.argmax(self.Q[discretized_obs])
        else: # Choose a random action
            return np.random.choice([a for a in range(self.action_shape)])

    def learn(self, obs, action, reward, next_obs):
        discretized_obs = self.discretize(obs)
        discretized_next_obs = self.discretize(next_obs)
        td_target = reward + self.gamma * np.max(self.Q[discretized_next_obs])
        td_error = td_target - self.Q[discretized_obs][action]
        self.Q[discretized_obs][action] += self.alpha * td_error

def train(agent, env):
    best_reward = -float('inf')
    for episode in range(MAX_NUM_EPISODES):
        done = False
        obs = env.reset()
        total_reward = 0.0
        while not done:
            action = agent.get_action(obs)
            next_obs, reward, done, info = env.step(action)
            agent.learn(obs, action, reward, next_obs)
            obs = next_obs
            total_reward += reward
        if total_reward > best_reward:
            best_reward = total_reward
```

```
                print("Episode#:{} reward:{} best_reward:{} eps:{}".format(episode,
                                       total_reward, best_reward, agent.epsilon))
        # Return the trained policy
        return np.argmax(agent.Q, axis=2)

def test(agent, env, policy):
        done = False
        obs = env.reset()
        total_reward = 0.0
        while not done:
            action = policy[agent.discretize(obs)]
            next_obs, reward, done, info = env.step(action)
            obs = next_obs
            total_reward += reward
        return total_reward

if __name__ == "__main__":
        env = gym.make('MountainCar-v0')
        agent = Q_Learner(env)
        learned_policy = train(agent, env)
        # Use the Gym Monitor wrapper to evaluate the agent and record video
        gym_monitor_path = "./gym_monitor_output"
        env = gym.wrappers.Monitor(env, gym_monitor_path, force=True)
        for _ in range(1000):
            test(agent, env, learned_policy)
        env.close()
```

这个脚本可以从代码库的 ch5 文件夹中获得，名为 Q_learner_MountainCar.py。

激活 rl_gym_book conda 环境并运行脚本，以查看智能体的动作！运行脚本时，你会看到图 5-3 所示的初始输出。

在初始训练回合中，当智能体开始学习时，你会看到它总是以-200 的奖励结束。基于对 Gym 的过山车环境的理解，可以看到智能体在 200 步时并没有到达山顶，然后环境自动重置了，所以智能体只得到了-200 的奖励。你也可以观察到 ε（eps）探索值缓慢地衰减。

如果让智能体学习得足够长，就会看到智能体的进步，并学会到达山顶且越来越快。在普通笔记本电脑上学习 5min 后的进展样本如图 5-4 所示。

一旦脚本运行结束，你会在 gym_monitor_output 文件夹中看到记录智能体性能的视频（也有.stats.json 和.meta.json 文件）。你可以观看视频来查看智能体的表现！

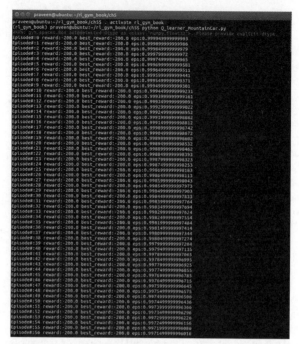

图 5-3

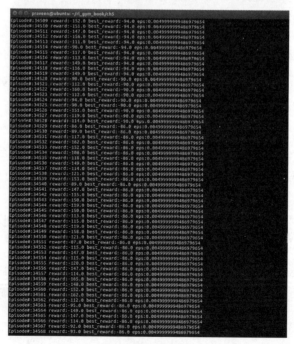

图 5-4

智能体控制小车成功到达山顶的效果如图 5-5 所示。

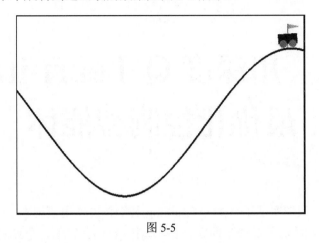

图 5-5

任务完成了！可喜可贺！

5.6 小结

我们在本章学了很多内容。更重要的是，我们实现了一个在 7min 左右就漂亮地解决了过山车问题的智能体！

我们先引入了著名的过山车问题，了解了 Gym 中的 MountainCar-v0 环境是如何设计环境、观测空间、状态空间和奖励的，回顾了在前面章节中用过的强化学习 Gym 样例代码，并对其做了优化。

接下来，我们为 Q-Learning 智能体定义了超参数，并从零实现了 Q-Learning 算法。我们先实现了智能体的初始化函数，以对智能体的内部状态进行初始化，其中包括用 NumPy 的 n 维数值表示 Q 值；然后用 discretize 函数离散状态空间，用 get_action(...) 函数根据ε-贪婪策略选择动作，最后用 learn(...) 函数实现了 Q-Learning 的更新公式，完成了智能体的核心部分。我们还实现了训练、测试和评估智能体性能的函数。

希望你能从智能体的实现和过山车问题的解决过程中体会到更多的乐趣！在第 6 章中，我们会实现进阶方法，以解决更具挑战性的问题。

第6章 用深度 Q-Learning 实现最优化控制智能体

在第 5 章中，我们实现了一个 Q-Learning 智能体，使用笔记本电脑的双核 CPU 仅用了 7min 从零开始解决了过山车问题。在本章中，我们会实现一个更高级的版本——深度 Q-Learning，以解决比过山车问题更复杂的离散控制问题。离散控制问题是指动作空间由有限离散值构成的（序列的）决策问题。在第 5 章中，Q-Learning 智能体将包含小车位置和速度信息的二维状态空间向量作为输入进行最优化决策。在本章中，我们会探究如何让智能体将（屏幕的）视觉图像作为输入来学习最优化控制动作。马上就能解决我们需要解决的问题了，不是吗？人类不会通过计算物体的位置和速度来决定下一步做什么，而是简单地观察发展状态，然后学习并采取行动加以改善，直到完全解决问题。

本章将指导你一步步地使用基于深度神经网络函数逼近的稳定 Q 学习方法来优化 Q-Learning 智能体的实现。在本章最后，你会了解到如何在 Atari Gym 环境中基于屏幕像素的观察来实现和训练深度 Q-Learning 智能体，并获得一个很好的分数！我们会讨论如何开始可视化并比较智能体的学习过程。你会看到如何让同一个智能体算法在多个 Atari 游戏上进行训练并依然能达到很好的分数。如果你迫不及待地想看一下将会实现什么，那么可以查看配套资源中 ch6 文件夹下的代码，并利用这些代码在多个 Atari 游戏上重新训练模型！ch6/README.md 文件包含了有关如何运行预训练智能体的说明。

有很多技术细节要求你有充足的经验与知识去理解和利用深度 Q-Learning，在一系列模块和必要工具的帮助下可以以系统化的方式训练和测试，逐步优化基础版本的 Q-Learning 算法，并进一步构建更强健、更智能的智能体。

本章包括以下内容：

- 多种优化 Q-Learning 智能体的方法，包括动作-值函数的神经网络近似估计、经验回放和探索计划；
- 用 PyTorch 实现深度卷积网络并进行动作-值函数的近似估计；

- 使用目标网络的稳定深度 Q 网络；

- 用 TensorBoard 记录和监视 PyTorch 智能体的学习性能；

- 管理参数和配置；

- Atari Gym 环境；

- 训练深度 Q 学习者玩 Atari 游戏。

让我们从第一个话题开始，然后看看如何从第 5 章遗留的内容开始继续开发更智能的智能体。

6.1 优化 Q-Learning 智能体

在第 5 章中，我们重温了 Q-Learning 算法并实现了 Q_Learner 类。对于过山车环境，我们用一个 51×51×3 的多维数组来表示动作-值函数 $Q_\pi(s,a)$。注意，我们已经将状态空间离散化为一个固定 bins 数，具体数值用配置参数 NUM_DISCRETE_BINS 来给定（这里用 50）。我们实际上把观测结果用低维离散表征来量化或近似表示，以期减少 n 维矩阵中元素的数量。通过这样离散的观测结果/状态空间，我们将小车可能的位置严格控制在 50 个之内，同样可能的速度也只有 50 个值。其他任意位置或者速度值会被近似为集合中的一个值。所以，小车在不同位置时也可能会表示为同一位置值。对于某些环境，这可能会成为一个问题。例如，智能体可能无法分清小车的某一状态是上升至顶点后是会回落还是会越过顶点。接下来，我们会探究如何用更有用的函数近似表示动作-值函数，从而取代局限性很大的简单 n 维数组/表。

6.1.1 用神经网络近似 Q 函数

神经网络在作为一个通用的函数近似（逼近）器方面展现了其有效性。实际上，通用近似理论已经证实，单隐藏层前馈神经网络可以近似为任意在 $\mathbb{R}^n$ 上封闭且有界的连续函数。这意味着即使一个简单（浅层）的神经网络也可以近似很多函数。用一个带固定权重/参数的简单神经网络可以近似任何函数，是不是感觉很棒？事实的确如此，但有一点会妨碍我们在任意场合尽情使用它。虽然单隐藏层神经网络可以用一组有限参数近似任何函数，但我们仍不能保证有一种通用方法能**学习**最好地表示任意函数的参数。你会看到研究者已经能用神经网络去近似很多有用的复杂函数。今天，无处不在的（智能手机中使用的大部分智能是由（高度优化的）神经网络驱动的。很多性能卓越的系统能将照片基于人物、地点、背景分组到相册、识别人脸和声音或者自动组织回复邮件，这些系统都是由神经网络驱动的。即使是我们从语音助手中听到的类人仿真声音，例如谷歌助手（Google Assistant），也都是由神经网络驱动的。

谷歌助手用 DeepMind 的 WaveNet 和 WaveNet 2 实现**文字转语音**（Text-To-Speech，TTS）的合成。它的合成音表现得比其他 TTS 系统都要真实。

希望上述例子足以激发你用神经网络来近似 Q 函数的兴趣！在本节中，我们开始用单隐藏层的浅层[①]神经网络来解决著名的车杆平衡（Cart Pole）问题。尽管神经网络是很强大的函数近似器，但是我们仍会看到单隐藏层神经网络对于强化学习问题的 Q 函数近似也不是件容易的事。我们会探究其他方法来使神经网络近似可以优化 Q-Learning。在本章后面几节，我们会探究如何使用更具表征能力的深度神经网络来近似 Q 函数。

让我们重温在第 5 章中实现的 Q_Learner 类的 _init_(...) 方法，以开始神经网络近似。

```
class Q_Learner(object):
    def __init__(self, env):
        self.obs_shape = env.observation_space.shape
        self.obs_high = env.observation_space.high
        self.obs_low = env.observation_space.low
        self.obs_bins = NUM_DISCRETE_BINS # Number of bins to Discretize
each observation dim
        self.bin_width = (self.obs_high - self.obs_low) / self.obs_bins
        self.action_shape = env.action_space.n
        # Create a multi-dimensional array (aka. Table) to represent the
        # Q-values
        self.Q = np.zeros((self.obs_bins + 1, self.obs_bins + 1,
                           self.action_shape)) # (51 × 51 × 3)
        self.alpha = ALPHA # Learning rate
        self.gamma = GAMMA # Discount factor
        self.epsilon = 1.0
```

在之前的代码中，我们用粗体显示的行表示将 Q 函数初始化为多维 NumPy 数组。接下来，我们会探究如何用更强大的神经网络表示方法取代 NumPy 数组。

1. 用 PyTorch 实现浅层 Q 网络

在本节中，我们开始用 PyTorch 的神经网络模块实现一个简单的神经网络，并探究如何用它来取代基于多维数组的表格形式的 Q 动作-值函数。

现在我们开始实现神经网络。下面的代码展示了如何用 PyTorch 实现一个**单层感知机**（Single Layer Perceptron，SLP）。

---

① 非深度。浅层网络一般指只有一层隐藏层的网络。——译者注

```
import torch

class SLP(torch.nn.Module):
    """
    A Single Layer Perceptron (SLP) class to approximate functions
    """
    def __init__(self, input_shape, output_shape,device=torch.device("cpu")):
        """
        :param input_shape: Shape/dimension of the input
        :param output_shape: Shape/dimension of the output
        :param device: The device (cpu or cuda) that the SLP should use to
store the inputs for the forward pass
        """
        super(SLP, self).__init__()
        self.device = device
        self.input_shape = input_shape[0]
        self.hidden_shape = 40
        self.linear1 = torch.nn.Linear(self.input_shape, self.hidden_shape)
        self.out = torch.nn.Linear(self.hidden_shape, output_shape)

    def forward(self, x):
        x = torch.from_numpy(x).float().to(self.device)
        x = torch.nn.functional.relu(self.linear1(x))
        x = self.out(x)
        return x
```

SLP 类在输入层和输出层之间用 torch.nn.Linear 类引入了 40 个隐藏节点，并用**线性整流单元**（Rectified Linear Unit，ReLU 或 relu）作为激活函数实现了一个单层神经网络。这段代码保存在本书代码库的 ch6/function_approximator/perceptron.py 文件中。这里的 40 没有什么特殊含义，你可以放心地修改隐藏层节点的数量。

2. 实现 Shallow_Q_Learner 类

我们可以修改 Q_Learner 类并用 SLP 表示 Q 函数。注意，需要修改 Q_Learner 类的 learn(...) 方法，计算 SLP 权重所对应的 loss 函数的梯度，并反向传播它们来更新和优化神经网络的权重，优化 Q 值函数表示以接近真实值。我们也会通过稍微修改 get_action(...) 方法去修改在网络中通过前向传播获得的 Q 值。在下面根据 Q_Learner 类修改的 Shallow_Q_Learner 类代码中，粗体表示的部分会让你更轻松地观察到变化：

```
import torch
from function_approximator.perceptron import SLP

EPSILON_MIN = 0.005
max_num_steps = MAX_NUM_EPISODES * STEPS_PER_EPISODE
EPSILON_DECAY = 500 * EPSILON_MIN / max_num_steps
ALPHA = 0.05 # Learning rate
GAMMA = 0.98 # Discount factor
NUM_DISCRETE_BINS = 30 # Number of bins to Discretize each observation dim
```

```
class Shallow_Q_Learner(object):
    def __init__(self, env):
        self.obs_shape = env.observation_space.shape
        self.obs_high = env.observation_space.high
        self.obs_low = env.observation_space.low
        self.obs_bins = NUM_DISCRETE_BINS # Number of bins to Discretize
each observation dim
        self.bin_width = (self.obs_high - self.obs_low) / self.obs_bins
        self.action_shape = env.action_space.n
        # Create a multi-dimensional array (aka. Table) to represent the
        # Q-values
        self.Q = SLP(self.obs_shape, self.action_shape)
        self.Q_optimizer = torch.optim.Adam(self.Q.parameters(), lr=1e-5)
        self.alpha = ALPHA # Learning rate
        self.gamma = GAMMA # Discount factor
        self.epsilon = 1.0

    def discretize(self, obs):
        return tuple(((obs - self.obs_low) / self.bin_width).astype(int))

    def get_action(self, obs):
        discretized_obs = self.discretize(obs)
        # Epsilon-Greedy action selection
        if self.epsilon > EPSILON_MIN:
            self.epsilon -= EPSILON_DECAY
        if np.random.random() > self.epsilon:
            return
np.argmax(self.Q(discretized_obs).data.to(torch.device('cpu')).numpy())
        else: # Choose a random action
            return np.random.choice([a for a in range(self.action_shape)])

    def learn(self, obs, action, reward, next_obs):
        #discretized_obs = self.discretize(obs)
        #discretized_next_obs = self.discretize(next_obs)
        td_target = reward + self.gamma * torch.max(self.Q(next_obs))
        td_error = torch.nn.functional.mse_loss(self.Q(obs)[action],td_target)
        #self.Q[discretized_obs][action] += self.alpha * td_error
        self.Q_optimizer.zero_grad()
        td_error.backward()
        self.Q_optimizer.step()
```

 这里讨论的 Shallow_Q_Learner 类实现让你更容易
理解一个基于神经网络的 Q 函数近似可以用于取代传
统表格形式的 Q-Learning 实现。

3. 用浅层 Q 网络解决车杆平衡问题

在本节中，我们会实现一个完整的训练脚本，用上面实现的 Shallow_Q_Learner
类解决车杆平衡问题。

```python
#!/usr/bin/env python import gym import random import torch from
torch.autograd import Variable import numpy as np from utils.decay_schedule
import LinearDecaySchedule from function_approximator.perceptron import SLP
env = gym.make("CartPole-v0")
MAX_NUM_EPISODES = 100000
MAX_STEPS_PER_EPISODE = 300




class Shallow_Q_Learner(object):
    def __init__(self, state_shape, action_shape, learning_rate=0.005,gamma=0.98):
        self.state_shape = state_shape
        self.action_shape = action_shape
        self.gamma = gamma # Agent's discount factor
        self.learning_rate = learning_rate # Agent's Q-learning rate
        # self.Q is the Action-Value function. This agent represents Q using a
        # Neural Network.
        self.Q = SLP(state_shape, action_shape)
        self.Q_optimizer = torch.optim.Adam(self.Q.parameters(), lr=1e-3)
        # self.policy is the policy followed by the agent. This agents follows
        # an epsilon-greedy policy w.r.t it's Q estimate.
        self.policy = self.epsilon_greedy_Q
        self.epsilon_max = 1.0
        self.epsilon_min = 0.05
        self.epsilon_decay =
LinearDecaySchedule(initial_value=self.epsilon_max,
                    final_value=self.epsilon_min,
                    max_steps= 0.5 * MAX_NUM_EPISODES *MAX_STEPS_PER_EPISODE)
        self.step_num = 0


    def get_action(self, observation):
        return self.policy(observation)

    def epsilon_greedy_Q(self, observation):
        # Decay Epsilion/exploration as per schedule
        if random.random() < self.epsilon_decay(self.step_num):
            action = random.choice([i for i in range(self.action_shape)])
        else:
            action = np.argmax(self.Q(observation).data.numpy())


        return action

    def learn(self, s, a, r, s_next):
        td_target = r + self.gamma * torch.max(self.Q(s_next))
        td_error = torch.nn.functional.mse_loss(self.Q(s)[a], td_target)
        # Update Q estimate
```

```
        #self.Q(s)[a] = self.Q(s)[a] + self.learning_rate * td_error
        self.Q_optimizer.zero_grad()
        td_error.backward()
        self.Q_optimizer.step()


if __name__ == "__main__":
    observation_shape = env.observation_space.shape
    action_shape = env.action_space.n
    agent = Shallow_Q_Learner(observation_shape, action_shape)
    first_episode = True
    episode_rewards = list()
    for episode in range(MAX_NUM_EPISODES):
        obs = env.reset()
        cum_reward = 0.0 # Cumulative reward
        for step in range(MAX_STEPS_PER_EPISODE):
            # env.render()
            action = agent.get_action(obs)
            next_obs, reward, done, info = env.step(action)
            agent.learn(obs, action, reward, next_obs)

            obs = next_obs
            cum_reward += reward

            if done is True:
                if first_episode: # Initialize max_reward at the end of first episode
                    max_reward = cum_reward
                    first_episode = False
                episode_rewards.append(cum_reward)
                if cum_reward > max_reward:
                    max_reward = cum_reward
                print("\nEpisode#{} ended in {} steps. reward ={} ;
mean_reward={} best_reward={}".
                    format(episode, step+1, cum_reward,
np.mean(episode_rewards), max_reward))
                break
    env.close()
```

用前面的代码在 `ch6` 文件夹下创建一个名为 `shallow_Q_Learner.py` 的脚本并用下面的命令来运行它：

(rl_gym_book) praveen@ubuntu:~/rl_gym_book/ch6$ python shallow_Q_Learner.py

你会看到智能体在 Gym 中的 `CartPole-v0` 环境中学习平衡杆和车，还会看到控制台中会打印出回合数、智能体在一个回合结束前行进的步数、智能体获得的单个回合奖励、智能体获得的回合平均奖励和最大回合奖励。如果你想看到车杆平衡问题环境中智能体是如何尝试保持平衡的，那么可以取消 `env.render()` 行的注释。

Shallow_Q_Learner 类实现的完整的训练脚本展示了如何使用简单的神经网络近似 Q 函数。对于像 Atari 这样的复杂游戏，它是一个很好的实现。在接下来的章节中，我们会系统地用新技术优化其性能。我们会实现一个能用原始屏幕图像作为输入来预测 Q 值而且可以玩多种 Atari 游戏的深度卷积 Q 网络。

你可能注意到了，智能体花费了很长的时间进行优化，直到最后解决问题。在 6.1.2 节中，我们会实现经验回放，以改善智能体的性能。

6.1.2 经验回放

在大多数环境中，智能体收到的信息并不是**独立同分布的**（independent and identically distributed，简写为 i.i.d）。这意味着智能体观察到的状态和它之前收到或者即将收到的状态是强相关的。这是可以理解的，因为通常情况下，智能体在典型的强化学习环境中解决的问题是序列化的。如果样本是独立同分布的，神经网络会收敛得更好。

经验回放让智能体可以重用已有的经验。神经网络的更新，尤其是使用较小的学习率时，往往需要很多反向传播和优化迭代才能取得一个好的结果。重用已有的经验数据，尤其是以最小批次的方式更新神经网络，能够大大帮助 Q 网络收敛并接近真实的动作值。

1. 实现经验记忆类

我们先来实现经验记忆类，以此来存放智能体获取的经验。在此之前，让我们加强对**经验**的理解。我们在第 2 章中讨论了用**马尔可夫决策过程**（Markov Decision Process，MDP）表示的强化学习中的问题，这类问题可以有效地用数据结构来表示，数据结构中的参数为在 t 步时的观测结果、基于观测结果采取的动作、动作获得的奖励，以及下一个由采取的动作而导致的在环境中转移的观测结果（或状态），还包含一个"done"布尔值变量，用于指示下一个观测结果是否触发回合的结束，这也是很有用的。我们用 Python 集合库中的 namedtuple 来表示这样的数据结构，如下所示：

```
from collections import namedtuple
Experience = namedtuple("Experience", ['obs', 'action', 'reward','next_obs','done'])
```

有了 namedtuple 数据结构，我们就可以通过属性名（如'obs'、'action'）而不是数值索引（如 0、1 等）来获取元素。

我们现在可以用上述数据结构来实现经验记忆类。为了弄明白需要实现哪些方法，让我们思考一下之后需要使用哪些功能。

首先，我们想将智能体获得的新经验存储在经验记忆类中；其次，当想用回放来更新 Q 函数时，我们需要以批的形式对经验记忆进行采样或者提取。从本质上来说，我们需要能存储新经验的方法和能采样一个或一批经验记忆的方法。

让我们来看经验记忆的实现，从初始化方法开始用需要的功能来对其进行初始化，如下所示：

```python
class ExperienceMemory(object):
    """
    A cyclic/ring buffer based Experience Memory implementation
    """
    def __init__(self, capacity=int(1e6)):
        """
        :param capacity: Total capacity (Max number of Experiences)
        :return:
        """
        self.capacity = capacity
        self.mem_idx = 0 # Index of the current experience
        self.memory = []
```

mem_idx 成员变量用于指出新存储的经验的索引位置。

> “周期缓冲区”也叫作“循环缓冲区”“环缓冲区”和“循环队列”。它们都代表用环状的固定大小的数据表示的相同的底层数据结构。

接下来，让我们看一下 store 方法的实现：

```python
def store(self, experience):
    """
    :param experience: The Experience object to be stored into the memory
    :return:
    """
    self.memory.insert(self.mem_idx % self.capacity, experience)
    self.mem_idx += 1
```

够简单吧？我们将经验记忆存储在 mem_idx 中，如之前讨论的。

sample 方法的实现如下：

```python
import random
    def sample(self, batch_size):
        """

        :param batch_size: Sample batch_size
```

```
                :return: A list of batch_size number of Experiences sampled at
random from mem
                """
                assert batch_size <= len(self.memory), "Sample batch_size is more
than available exp in mem"
                return random.sample(self.memory, batch_size)
```

上述代码用 **Python** 的 `random` 库从经验记忆中随机采样。我们会实现一个 `get_size()`方法，以查看经验记忆中有多少经验。

```
def get_size(self):
                """

                :return: Number of Experiences stored in the memory
                """
                return len(self.memory)
```

经验记忆类的完整实现可以在本书代码库的 `ch6/utils/experience_memory.py` 中获取。

下一步，我们会探究如何从经验记忆中回放经验来更新智能体的 **Q** 函数。

2. 为 Q-Learner 类实现经验回放方法

至此，我们用一个循环缓冲区为智能体实现了一个经验记忆系统。接下来，我们会探究如何在 **Q-Learner** 类中实现经验回放方法。

下面的代码实现的 `replay_experience` 方法展示了如何从经验记忆系统中采样和调用一个即将完成的方法，让智能体可以从采样的经验批次中进行学习。

```
def replay_experience(self, batch_size=REPLAY_BATCH_SIZE):
                """
                Replays a mini-batch of experience sampled from the Experience Memory
                :param batch_size: mini-batch size to sample from the Experience Memory
                :return: None
                """
                experience_batch = self.memory.sample(batch_size)
                self.learn_from_batch_experience(experience_batch)
```

在 **SARSA** 等在线学习方法中，动作-值估计会在智能体与环境的每次交互后得到更新。在这种情况下，更新传播了智能体刚刚经历的信息。如果智能体没有频繁经历某些信息，那么更新会让智能体"忘记"那些经验，从而导致它在之后遇到相似场景时表现很差。这不是我们所期待的，特别是神经网络有大量参数（或权重）需要调整为正确值的时候。这就是要在更新 **Q** 动作-值估计时使用经验记忆和回放经验的主要原因。我们现在通过继承之前完成的 `learn` 方法来实现 `learn_from_batch_experience` 方法，以期让智能体可以从一个批次的经验而不是单个经验中学习。下面是该方法的实现代码：

```python
device = torch.device("cuda" if torch.cuda.is_available() else "cpu")
def learn_from_batch_experience(self, experiences):
    """
    Updated the DQN based on the learning from a mini-batch of experience.
    :param experiences: A mini-batch of experience
    :return: None
    """
    batch_xp = Experience(*zip(*experiences))
    obs_batch = np.array(batch_xp.obs)
    action_batch = np.array(batch_xp.action)
    reward_batch = np.array(batch_xp.reward)
    next_obs_batch = np.array(batch_xp.next_obs)
    done_batch = np.array(batch_xp.done)

    td_target = reward_batch + ~done_batch * \
            np.tile(self.gamma, len(next_obs_batch)) * \
            self.Q(next_obs_batch).detach().max(1)[0].data

    td_target = td_target.to(device)
    action_idx = torch.from_numpy(action_batch).to(device)
    td_error = torch.nn.functional.mse_loss(
        self.Q(obs_batch).gather(1, action_idx.view(-1, 1)),
        td_target.float().unsqueeze(1))

    self.Q_optimizer.zero_grad()
    td_error.mean().backward()
    self.Q_optimizer.step()
```

通过上述方法，我们可以获取一个批次（或是最小批次）的经验，分别提取了观测批次、动作批次、奖励批次和下一个观测批次，便于在后面的迭代中独立使用。

done_batch 表示每个经验的下一个观测批次是否是回合的结束。我们可以计算并**最大化时序差分**（Temporal Difference, TD）误差，即 Q-Learning 的目标。注意，我们在计算 td_target 时应在~done_batch 上乘以第二个式子。

注意，在结束状态时会遇到零值的情况。如果 next_obs 在 next_obs_batch 中是终止状态，则第二个式子就会是 0，即 td_target = rewards_batch。

接下来，我们计算 td_target（目标 Q 值）和由 Q 网络预测的 Q 值间的均方差。我们用这个误差作为指引信号，并在优化步骤前反向传播给所有节点，更新参数/权重以最小化误差。

6.1.3　重温 ε-贪婪动作策略

在第 5 章中，我们讨论了 ε-贪婪动作选择策略，即每次智能体都以 $1-\varepsilon$ 的概率选取动作-值估计最好的动作，偶尔以 ε 的概率选择随机动作。ε 是一个需要通过尝试微调到最佳值的超参数。ε 值越大意味着智能体的动作越随机，ε 值越小则智能体的动作越倾向于 "安于" 熟悉的环境而不是进行探索。我们应该探索更多没有/很少尝试过的动作，还是应该利用已有的知识，并根据可能有限的知识选择最好的动作？这就是强化学习智能体陷入的探索-开发困境。

直观来讲，大的 ε 值（最多到 1）在智能体学习过程的初始阶段能够帮助其采取更多随机动作来探索状态空间。一旦它得到足够的经验并对环境有了很好的理解，小的 ε 值会让智能体更多地基于它所认为的最好动作进行选择。如果我们有一个实用的函数让 ε 的值做出合适的变化，那么是非常实用的，不是吗？

实现一个 ε 衰减计划

我们可以线性地（见图 6-1 左侧）或指数地（见图 6-1 右侧）衰减（减少）ε 的值，或者实施其他衰减计划。线性衰减和指数衰减是探索参数 ε 最通用的衰减计划。

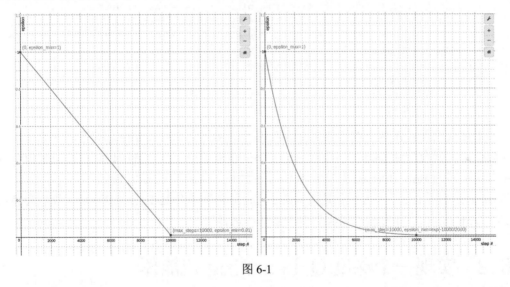

图 6-1

可以看到，ε（探索）值在不同计划中（左侧是线性衰减，右侧是指数衰减）的变动。

如图 6-1 所示，epsilon_max（起始）值均为 1；而 epsilon_min（最终）值在线性状态下为 0.01，在指数状态下为 exp(-10000/2000)且均在 10000 个回合后维持一个常数值。

下面的代码实现了 LinearDecaySchedule，我们将在 Deep_Q_learning 智能体实现中用它玩 Atari 游戏。

```python
#!/usr/bin/env python

class LinearDecaySchedule(object):
```

```python
    def __init__(self, initial_value, final_value, max_steps):
        assert initial_value > final_value, "initial_value should be < final_value"
        self.initial_value = initial_value
        self.final_value = final_value
        self.decay_factor = (initial_value - final_value) / max_steps
    def __call__(self, step_num):
        current_value = self.initial_value - self.decay_factor * step_num
        if current_value < self.final_value:
            current_value = self.final_value
        return current_value

if __name__ == "__main__":
    import matplotlib.pyplot as plt
    epsilon_initial = 1.0
    epsilon_final = 0.05
    MAX_NUM_EPISODES = 10000
    MAX_STEPS_PER_EPISODE = 300
    linear_sched = LinearDecaySchedule(initial_value = epsilon_initial,
                                       final_value = epsilon_final,
                                       max_steps = MAX_NUM_EPISODES *
MAX_STEPS_PER_EPISODE)
    epsilon = [linear_sched(step) for step in range(MAX_NUM_EPISODES *
MAX_STEPS_PER_EPISODE)]
    plt.plot(epsilon)
    plt.show()
```

上述代码保存在本书的代码库 ch6/utils/decay_schedule.py 中。如果你运行这段代码，就会看到 main 函数对 epsilon 创建了一个线性衰减计划并给出了值。你可以用不同的 MAX_NUM_EPISODES、MAX_STEPS_PER_EPISODE、epsilon_initial 和 epsilon_final 来可视化地看 epsilon 如何随着步数变化。接下来，我们会完成 get_action(...) 方法，以实现 ε-贪婪动作选择策略。

6.2　实现一个深度 Q-Learning 智能体

在本节中，我们会讨论如何加深浅层 Q-Learner，以使其成为经验更丰富、更强大的基于深度 Q-Learner 的智能体，并能够基于在本章最后训练智能体玩 Atari 游戏时所用的原始视觉输入进行学习。注意，你可以在有离散动作空间的学习环境中训练深度 Q-Learning 智能体。本书中的 Atari 游戏就是这样一类有趣的环境。

我们开始在 Q-Learner 中实现深度卷积 Q 网络，然后探究如何用目标 Q 网络的技术来强化深度 Q-Learner 的稳定性，最后会整合讨论过的技术来实现基于深度 Q-Learning 的智能体。

6.2.1 用 PyTorch 实现一个深度卷积 Q 网络

我们将实现一个三层的**卷积神经网络**（Convolutional Neural Network，CNN），使之以 Atari 游戏屏幕像素作为输入，以 OpenAI Gym 中定义的特定游戏的每个可能动作的动作-值作为输出。下面代码是关于 CNN 类的：

```python
import torch


class CNN(torch.nn.Module):
    """
    A Convolution Neural Network (CNN) class to approximate functions with
visual/image inputs
    """
    def __init__(self, input_shape, output_shape, device="cpu"):
        """
        :param input_shape: Shape/dimension of the input image. Assumed to
be resized to C x 84 x 84
        :param output_shape: Shape/dimension of the output.
        :param device: The device (cpu or cuda) that the CNN should use to
store the inputs for the forward pass
        """
        # input_shape: C x 84 x 84
        super(CNN, self).__init__()
        self.device = device
        self.layer1 = torch.nn.Sequential(
            torch.nn.Conv2d(input_shape[0], 64, kernel_size=4, stride=2,
padding=1), torch.nn.ReLU()
        )
        self.layer2 = torch.nn.Sequential(
            torch.nn.Conv2d(64, 32, kernel_size=4, stride=2, padding=0),
            torch.nn.ReLU()
        )
        self.layer3 = torch.nn.Sequential(
            torch.nn.Conv2d(32, 32, kernel_size=3, stride=1, padding=0),
            torch.nn.ReLU()
        )
        self.out = torch.nn.Linear(18 * 18 * 32, output_shape)

    def forward(self, x):
        x = torch.from_numpy(x).float().to(self.device)
        x = self.layer1(x)
        x = self.layer2(x)
        x = self.layer3(x)
        x = x.view(x.shape[0], -1)
        x = self.out(x)
        return x
```

正如你所看到的，在神经网络中添加更多的层是非常容易的。我们可以用一个多于 3 层的更深的网络，但是这样的网络会需要更多的算力和时间。深度强化学习系统，特别是带函数近似的 Q-Learning，并不能保证一定收敛，所以我们需要确保智能体的实现足够好，并在用更深的网络提升 Q/值函数表示能力前确保前期进展顺利。

6.2.2　使用目标 Q 网络稳定智能体的学习

对于用神经网络近似的 Q-Learning，要使其减少振荡（稳定学习），我们可以采用一种虽简单却有效的方法。我们只需要冻结 Q 网络一定步数，然后用其来生成 Q-Learning 目标，再去更新深度 Q 网络参数。

实现是简单明了的，我们需做出两个改变或者更新已有的深度 Q-Learner 类。

（1）构建一个目标 Q 网络并和原 Q 网络周期性同步/更新。

（2）用目标 Q 网络生成目标 Q-Learning 网络。

为了比较加入（或者去掉目标 Q 网络）后对智能体表现的影响，我们可以用开发好的参数管理器、日志和可视化工具来可视化验证启用目标 Q 网络带来的性能提升。

先增加一个名为 `Q_target` 的新类成员，并将其添加到深度 Q-Learner 类的 `__init__` 方法中。在 `deep_Q_learner.py` 脚本中 `self.DQN` 的声明后添加新成员的代码如下所示：

```
self.Q = self.DQN(state_shape, action_shape, device).to(device)
self.Q_optimizer = torch.optim.Adam(self.Q.parameters(),lr=self.learning_rate)
if self.params['use_target_network']:
    self.Q_target = self.DQN(state_shape, action_shape, device).to(device)
```

可以修改之前实现的 `learn_from_batch_experience` 方法，用目标 Q 网络创建目标 Q-Learning 网络。下面代码中的粗体部分是在第一次实现基础上所做的修改。

```
def learn_from_batch_experience(self, experiences):
        batch_xp = Experience(*zip(*experiences))
        obs_batch = np.array(batch_xp.obs)
        action_batch = np.array(batch_xp.action)
        reward_batch = np.array(batch_xp.reward)
        next_obs_batch = np.array(batch_xp.next_obs)
        done_batch = np.array(batch_xp.done)
```

```
        if self.params['use_target_network']:
            if self.step_num % self.params['target_network_update_freq'] ==0:
                # The *update_freq is the Num steps after which target net is updated.
                # A schedule can be used instead to vary the update freq.
                self.Q_target.load_state_dict(self.Q.state_dict())
            td_target = reward_batch + ~done_batch * \
                np.tile(self.gamma, len(next_obs_batch)) * \
                self.Q_target(next_obs_batch).max(1)[0].data
        else:
            td_target = reward_batch + ~done_batch * \
                np.tile(self.gamma, len(next_obs_batch)) * \
                self.Q(next_obs_batch).detach().max(1)[0].data

        td_target = td_target.to(device)
        action_idx = torch.from_numpy(action_batch).to(device)
        td_error = torch.nn.functional.mse_loss(
    self.Q(obs_batch).gather(1, action_idx.view(-1, 1)),
    td_target.float().unsqueeze(1))

        self.Q_optimizer.zero_grad()
        td_error.mean().backward()
        writer.add_scalar("DQL/td_error", td_error.mean(), self.step_num)
        self.Q_optimizer.step()
```

这便完成了目标 Q 网络的实现。

那么，如何才能知道之前实现的目标 Q 网络和其他优化是否真正有效？接下来，我们会介绍如何记录和可视化智能体的性能变化，以监测并确定优化是否确有成效。

6.2.3　记录和可视化智能体的学习过程

我们现在有了一个智能体，它能用神经网络学习 Q 值，并能通过更新自己来强化在任务中的表现。这个智能体在变得聪明之前花了一段时间去学习。如何知道智能体在一段特定时间内做了什么？怎么知道智能体是否得到了优化？难道我们要坐下来等到训练结束吗？不，肯定有更好的办法，不是吗？

是的，有这样的方法——智能体的开发者可以观察智能体的表现，并能够发现实现中是否存在问题，或者某些超参数对智能体的学习不利。目前已经有了一个初步的版本，即用打印语句在控制台中进行输出以记录并关注智能体的进展。这给了我们关于回合编号、回合奖励、最大奖励等的一手信息，不过这更像一个给定时间的快照。我们想通过历史进度来看看智能体的学习是否降低了误差并趋于收敛等。这能让我们朝着正确的方向思考，以更新实现或者微调参数，进而提高智能体的学习性能。

TensorFlow 深度学习库提供了一个名为 TensorBoard 的工具。这是一个强大的可视化工具，可以将学习过程中的学习误差、奖励等以图表的形式展现，甚至可以可视化图像和一些其他有用的数据。这样，我们理解、确定和调试深度学习算法实现就会变得更简单。下面我们会探究如何用 TensorBoard 来记录和可视化智能体的进展。

用 TensorBoard 记录并可视化一个 PyTorch 强化学习智能体的进度

尽管 TensorBoard 是为 TensorFlow 定制的深度学习库，但它本身是一个灵活的工具，可以用于像 PyTorch 这样的深度学习库。简单来说，TensorBoard 工具会从日志文件中读取 TensorFlow 事项总结，然后周期性地更新图表。幸运的是，我们还有一个名为 tensorboardX 的库，它提供了一个方便的接口，可用于创建 TensorBoard 可用的事项。这样，我们可以从智能体训练代码中生成合适的事项，以记录和可视化进程中的智能体学习过程。这个库的使用是非常直接和简单的。导入 tensorboardX 后，用所要的日志文件名创建一个 SummaryWriter 对象。我们可以用 SummaryWriter 对象继续添加新的标量（或者其他支持的数据），以在周期性更新的图表上添加新的数据点。图 6-2 展示了我们可以在智能体训练脚本中记录其可视化学习过程中的 TensorBoard 输出。

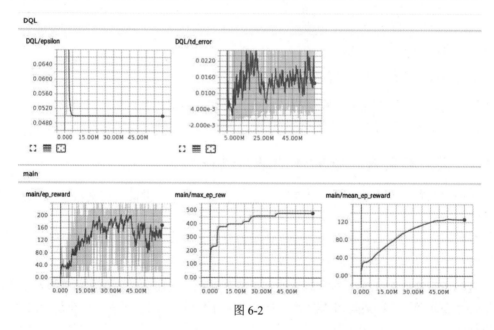

图 6-2

在图 6-2 中，下方最右侧名为 **main/mean_ep_reward** 的图表展示了智能体如何随着时间流逝逐渐获得更高的奖励。其中，x 轴展示了训练步数，y 轴展示了与图表名相对应的变量值。

现在，我们知道了如何记录和可视化智能体在训练过程中的性能变化。但还有一个未解决的问题，那就是我们怎么才能比较在智能体中做一次或多次优化的作用？我们讨论了多种改进方法，也增加了很多超参数。为了管理多个超参数且便于启用或禁用优化和配置，我们会构建一个简单的参数管理类。

6.2.4　管理超参数和配置参数

你可能注意到了，智能体有很多超参数，如学习率、ε 初始/最小值等。还有很多和环境相关的配置参数，我们也想方便地对其进行修改并运行，而不是在代码里搜索曾在哪里定义过这些参数。用一个简单的好办法去管理这些参数同样可以帮助我们通过自动化训练过程或者参数扫描抑或其他方式来确定最佳参数。

在接下来两节中，我们会探究如何用 JSON 文件以一种简单的方式指定这些参数和超参数，并通过实现一个参数管理器来管理外部配置参数，以更新智能体和环境配置。

1．用 JSON 文件方便地管理参数

在实现参数管理器前，让我们先了解一下参数配置 JSON 文件。下面的代码是用来配置智能体和环境参数的 `parameters.json` 文件中的一段。JavaScript Object Notation（JSON）文件是便于表示数据且易于人类理解的存储格式。我们会在本章后面讨论 JSON 文件中每个参数的含义。现在，让我们集中精力了解如何用这个文件来指定或者修改用于智能体或者环境的参数。

```
{
  "agent": {
    "max_num_episodes": 70000,
    "max_steps_per_episode": 300,
    "replay_batch_size": 2000,
    "use_target_network": true,
    "target_network_update_freq": 2000,
    "lr": 5e-3,
    "gamma": 0.98,
    "epsilon_max": 1.0,
    "epsilon_min": 0.05,
    "seed": 555,
    "use_cuda": true,
    "summary_filename_prefix": "logs/DQL_"
  },
  "env": {
    "type": "Atari",
    "episodic_life": "True",
    "clip_reward": "True",
    "useful_region": {
        "Default":{
                "crop1": 34,
```

```
                    "crop2": 34,
                    "dimension2": 80
            }
        }
    }
}
```

2. 参数管理器

希望你会喜欢刚才展示的参数配置文件示例。在这一部分，我们会实现一个参数管理器，以帮助你在必要的时候载入、获取和设置参数。

我们会先创建一个名为 ParamsManager 的 Python 类，然后用 Python 的 JSON 库读入 params_file 中的参数字典来初始化 params 成员变量：

```python
#!/usr/bin/env python
import JSON

class ParamsManager(object):
    def __init__(self, params_file):
        """
        A class to manage the Parameters. Parameters include configuration
parameters and Hyper-parameters
        :param params_file: Path to the parameters JSON file
        """
        self.params = JSON.load(open(params_file, 'r'))
```

实现下面一些方法会让之后的使用更加方便。返回从 JSON 文件中读取的整个参数字典的 get_params 方法：

```python
def get_params(self):
    """
    Returns all the parameters
    :return: The whole parameter dictionary
    """
    return self.params
```

有时，我们仅想在初始化智能体或者环境时获得和智能体或环境相关的参数并把它传递出去。如前面所示，我们在 parameters.json 文件中将智能体和环境的参数分开了，实现就变得很直接了：

```python
def get_env_params(self):
    """
    Returns the environment configuration parameters
    :return: A dictionary of configuration parameters used for the environment
    """
```

```
                return self.params['env']
        def get_agent_params(self):
            """
            Returns the hyper-parameters and configuration parameters used by the agent
            :return: A dictionary of parameters used by the agent
            """
            return self.params['agent']
```

我们也实现了另一个简单的方法来更新智能体参数，能够在启动训练脚本时从命令行中提供/读取智能体参数：

```
        def update_agent_params(self, **kwargs):
            """
            Update the hyper-parameters (and configuration parameters) used by the agent
            :param kwargs: Comma-separated, hyper-parameter-key=value pairs.
Eg.: lr=0.005, gamma=0.98
            :return: None
            """
            for key, value in kwargs.items():
                if key in self.params['agent'].keys():
                    self.params['agent'][key] = value
```

前面的参数管理器实现连同简单的测试流程，都可以从本书代码库的 ch6/utils/params_manager.py 中获取。在 6.2.5 节中，我们会巩固这些讨论过的技术和实现，并将其整合为一个完整的基于深度 Q-Learning 的智能体。

6.2.5　用完整的深度 Q-Learner 处理输入为原始像素的复杂问题

从本章一开始，我们就用了一些方法和实用工具，以期对智能体进行优化。在本节中，我们会巩固所有讨论过的优化方法和实用工具，并将其合并到一个完整的 deep_Q_Learner.py 脚本中。我们会用这个完整的智能体脚本在 Atari Gym 环境中进行训练，并观察这个智能体的性能是否随着时间的推移不断得到优化，即是否获得越来越高的分数。

通过整合本章前几节的内容实现了如下的功能，我们得到了一个完整的版本。

- 经验记忆。

- 经验回放并从经验（最小）批次中学习。

- 线性 ε 衰减计划。

- 使学习稳定的目标网络。

- 使用 JSON 文件的参数管理器。

- 使用 TensorBoard 的性能可视化和日志。

具体代码如下：

```python
#!/usr/bin/env python

import gym
import torch
import random
import numpy as np

import environment.atari as Atari
from utils.params_manager import ParamsManager
from utils.decay_schedule import LinearDecaySchedule
from utils.experience_memory import Experience, ExperienceMemory
from function_approximator.perceptron import SLP
from function_approximator.cnn import CNN
from tensorboardX import SummaryWriter
from datetime import datetime
from argparse import ArgumentParser

args = ArgumentParser("deep_Q_learner")
args.add_argument("--params-file",
                  help="Path to the parameters JSON file. Default is
                  parameters.JSON",
                  default="parameters.JSON",
                  type=str,
                  metavar="PFILE")
args.add_argument("--env-name",
                  help="ID of the Atari environment available in OpenAI
                  Gym. Default is Pong-v0",
                  default="Pong-v0",
                  type=str,
                  metavar="ENV")
args = args.parse_args()

params_manager= ParamsManager(args.params_file)
seed = params_manager.get_agent_params()['seed']
summary_file_path_prefix =
params_manager.get_agent_params()['summary_file_path_prefix']
summary_file_name = summary_file_path_prefix + args.env_name + "_" +
datetime.now().strftime("%y-%m-%d-%H-%M")
writer = SummaryWriter(summary_file_name)
global_step_num = 0
use_cuda = params_manager.get_agent_params()['use_cuda']
# new in PyTorch 0.4
device = torch.device("cuda" if torch.cuda.is_available() and use_cuda else
"cpu")
torch.manual_seed(seed)
np.random.seed(seed)
if torch.cuda.is_available() and use_cuda:
    torch.cuda.manual_seed_all(seed)
```

```python
class Deep_Q_Learner(object):
    def __init__(self, state_shape, action_shape, params):
        """
        self.Q is the Action-Value function. This agent represents Q using
a Neural Network
        If the input is a single dimensional vector, uses a Single-Layer-
Perceptron else if the input is 3 dimensional
        image, use a Convolutional-Neural-Network

        :param state_shape: Shape (tuple) of the observation/state
        :param action_shape: Shape (number) of the discrete action space
        :param params: A dictionary containing various Agent configuration
parameters and hyper-parameters
        """
        self.state_shape = state_shape
        self.action_shape = action_shape
        self.params = params
        self.gamma = self.params['gamma'] # Agent's discount factor
        self.learning_rate = self.params['lr'] # Agent's Q-learning rate

        if len(self.state_shape) == 1: # Single dimensional
observation/state space
            self.DQN = SLP
        elif len(self.state_shape) == 3: # 3D/image observation/state
            self.DQN = CNN

        self.Q = self.DQN(state_shape, action_shape, device).to(device)
        self.Q_optimizer = torch.optim.Adam(self.Q.parameters(),
lr=self.learning_rate)
        if self.params['use_target_network']:
            self.Q_target = self.DQN(state_shape, action_shape,
device).to(device)
        # self.policy is the policy followed by the agent. This agents follows
        # an epsilon-greedy policy w.r.t it's Q estimate.
        self.policy = self.epsilon_greedy_Q
        self.epsilon_max = 1.0
        self.epsilon_min = 0.05
        self.epsilon_decay =
LinearDecaySchedule(initial_value=self.epsilon_max, final_value=self.epsilon_min,
            max_steps=self.params['epsilon_decay_final_step'])
        self.step_num = 0
        self.memory =
ExperienceMemory(capacity=int(self.params['experience_memory_capacity'])) #
Initialize an Experience memory with 1M capacity

    def get_action(self, observation):
        if len(observation.shape) == 3: # Single image (not a batch)
            if observation.shape[2] < observation.shape[0]: # Probably
observation is in W x H x C format
                # Reshape to C x H x W format as per PyTorch's convention
```

```
            observation = observation.reshape(observation.shape[2],
observation.shape[1], observation.shape[0])
            observation = np.expand_dims(observation, 0) # Create a batch dimension
        return self.policy(observation)

    def epsilon_greedy_Q(self, observation):
        # Decay Epsilon/exploration as per schedule
        writer.add_scalar("DQL/epsilon", self.epsilon_decay(self.step_num),
self.step_num)
        self.step_num +=1
        if random.random() < self.epsilon_decay(self.step_num):
            action = random.choice([i for i in range(self.action_shape)])
        else:
            action =
np.argmax(self.Q(observation).data.to(torch.device('cpu')).numpy())


        return action

    def learn(self, s, a, r, s_next, done):
        # TD(0) Q-learning
        if done: # End of episode
            td_target = reward + 0.0 # Set the value of terminal state to zero
        else:
            td_target = r + self.gamma * torch.max(self.Q(s_next))
        td_error = td_target - self.Q(s)[a]
        # Update Q estimate
        #self.Q(s)[a] = self.Q(s)[a] + self.learning_rate * td_error
        self.Q_optimizer.zero_grad()
        td_error.backward()
        self.Q_optimizer.step()

    def learn_from_batch_experience(self, experiences):
        batch_xp = Experience(*zip(*experiences))
        obs_batch = np.array(batch_xp.obs)
        action_batch = np.array(batch_xp.action)
        reward_batch = np.array(batch_xp.reward)
        next_obs_batch = np.array(batch_xp.next_obs)
        done_batch = np.array(batch_xp.done)

        if self.params['use_target_network']:
            if self.step_num % self.params['target_network_update_freq'] == 0:
                # The *update_freq is the Num steps after which target net
is updated.
                # A schedule can be used instead to vary the update freq.
                self.Q_target.load_state_dict(self.Q.state_dict())
            td_target = reward_batch + ~done_batch * \
                np.tile(self.gamma, len(next_obs_batch)) * \
                self.Q_target(next_obs_batch).max(1)[0].data
        else:
            td_target = reward_batch + ~done_batch * \
```

```
                    np.tile(self.gamma, len(next_obs_batch)) * \
                    self.Q(next_obs_batch).detach().max(1)[0].data

        td_target = td_target.to(device)
        action_idx = torch.from_numpy(action_batch).to(device)
        td_error = torch.nn.functional.mse_loss(
self.Q(obs_batch).gather(1, action_idx.view(-1, 1)), td_target.float().unsqueeze(1))

        self.Q_optimizer.zero_grad()
        td_error.mean().backward()
        writer.add_scalar("DQL/td_error", td_error.mean(), self.step_num)
        self.Q_optimizer.step()

    def replay_experience(self, batch_size = None):
        batch_size = batch_size if batch_size is not None else
self.params['replay_batch_size']
        experience_batch = self.memory.sample(batch_size)
        self.learn_from_batch_experience(experience_batch)

    def save(self, env_name):
        file_name = self.params['save_dir'] + "DQL_" + env_name + ".ptm"
        torch.save(self.Q.state_dict(), file_name)
        print("Agent's Q model state saved to ", file_name)

    def load(self, env_name):
        file_name = self.params['load_dir'] + "DQL_" + env_name + ".ptm"
        self.Q.load_state_dict(torch.load(file_name))
        print("Loaded Q model state from", file_name)


if __name__ == "__main__":
    env_conf = params_manager.get_env_params()
    env_conf["env_name"] = args.env_name
    # If a custom useful_region configuration for this environment ID is
available, use it if not use the Default
    custom_region_available = False
    for key, value in env_conf['useful_region'].items():
        if key in args.env_name:
            env_conf['useful_region'] = value
            custom_region_available = True
            break
    if custom_region_available is not True:
        env_conf['useful_region'] = env_conf['useful_region']['Default']
    print("Using env_conf:", env_conf)
    env = Atari.make_env(args.env_name, env_conf)
    observation_shape = env.observation_space.shape
    action_shape = env.action_space.n
    agent_params = params_manager.get_agent_params()
    agent = Deep_Q_Learner(observation_shape, action_shape, agent_params)
    if agent_params['load_trained_model']:
        try:
```

```
            agent.load(env_conf["env_name"])
        except FileNotFoundError:
            print("WARNING: No trained model found for this environment.
Training from scratch.")
    first_episode = True
    episode_rewards = list()
    for episode in range(agent_params['max_num_episodes']):
        obs = env.reset()
        cum_reward = 0.0 # Cumulative reward
        done = False
        step = 0
        #for step in range(agent_params['max_steps_per_episode']):
        while not done:
            if env_conf['render']:
                env.render()
            action = agent.get_action(obs)
            next_obs, reward, done, info = env.step(action)
            #agent.learn(obs, action, reward, next_obs, done)
            agent.memory.store(Experience(obs, action, reward, next_obs, done))

            obs = next_obs
            cum_reward += reward
            step += 1
            global_step_num +=1

            if done is True:
                if first_episode: # Initialize max_reward at the end of
first episode
                    max_reward = cum_reward
                    first_episode = False
                episode_rewards.append(cum_reward)
                if cum_reward > max_reward:
                    max_reward = cum_reward
                    agent.save(env_conf['env_name'])
                print("\nEpisode#{} ended in {} steps. reward ={} ;
mean_reward={:.3f} best_reward={}".
                        format(episode, step+1, cum_reward,
np.mean(episode_rewards), max_reward))
                writer.add_scalar("main/ep_reward", cum_reward, global_step_num)
                writer.add_scalar("main/mean_ep_reward",
np.mean(episode_rewards), global_step_num)
                writer.add_scalar("main/max_ep_rew", max_reward, global_step_num)
                if agent.memory.get_size() >= 2 *
agent_params['replay_batch_size']:
                    agent.replay_experience()

                break
    env.close()
    writer.close()
```

前面的代码连同 6.3 节会提及的使用 Atari 封装器所需的其他改变都可以在本书代码库中

的 ch6/deep_Q_Learner.py 文件中找到。在 Atari Gym 环境中完成 6.3 节的内容后，我们
会用 deep_Q_Learner.py 中的智能体在 Atari 游戏中进行训练，并观察它们的性能。

> 本书的代码库中有最新代码，包含本书出版后的改进和
> 错误修正。

6.3　Atari Gym 环境

在第 4 章中，我们看到 Gym 中丰富可用的环境列表（包括 Atari 环境系列），并用
脚本列出了所有可用的 Gym 环境。我们还了解了与所有环境名有关的术语，特别是关于
Atari 游戏的。在本节中，我们将使用 Atari 环境，并了解如何使用 Gym 环境封装器进行
环境自定义。图 6-3 是一张由 9 个不同环境下的截图组成的贴图。

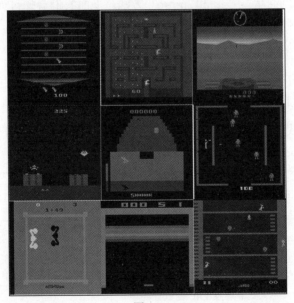

图 6-3

自定义 Atari Gym 环境

有时，我们想通过改变环境返回观测结果或者改变奖励大小的方式来让智能体更好
地学习，也会在智能体收到信息前进行筛选，或者想改变环境在屏幕上的渲染方式。到
目前为止，我们构建好了智能体并让它能在环境中顺利运行。如果环境反馈给智能体的

内容和方式更灵活一些，有助于控制智能体学会动作，会不会更好些？幸运的是，在 Gym 环境封装器的帮助下，扩展和定制环境反馈的信息变得容易了。有了封装器接口，我们可以在前面的例程上继承或者自定义例程作为更高的层级。可以添加自定义操作语句到一个或多个下列 Gym 环境类的方法中。

- _init_(self, env)_
- _seed
- _reset
- _step
- _render
- _close

基于想对环境做的自定义，我们可以决定哪些方法需要继承。例如，若想改变观测的尺寸/大小，则可以继承_step 和_reset 方法。下面我们会探讨如何用封装器接口来自定义 Atari Gym 环境。

1. 实现自定义的 Gym 环境封装器

我们会介绍几个对 Gym 的 Atari 环境非常有用的环境封装器。这里实现的多数封装器也可以用于其他环境以提高智能体的学习性能。

表 6-1 列出了我们想要实现的封装器，并就其作用给出了简单的描述。

表 6-1

封装器	作用简介
ClipRewardEnv	实现奖励修剪
AtariRescale	将屏幕像素调整为 84×84×1 的灰度图
NormalizedEnv	基于环境中的均值和方差对图像进行标准化
NoopResetEnv	执行一定量的等待（空）动作重置，采集初始状态
FireResetEnv	触发 Fire 键重置环境
EpisodicLifeEnv	在回合结束或游戏结束时标记生命结束
MaxAndSkipEnv	重复固定动作一定次数（指定使用 skip 语句；默认值为 4）

（1）**奖励修剪**。不同的问题或者环境提供了不同的奖励值波动范围。我们在第 5 章的 MountainCar-v0 环境中看到，无论智能体如何移动，智能体每步都会收到-1 的奖励，直到回合结束。在 CartPole-v0 环境中，智能体每步收到+1 的奖励，直到回合结束。

在 MS Pac-Man 这样的 Atari 游戏环境中，如果智能体吃掉一个幽灵，它最高能获得+1600 的奖励。我们可以看到，奖励的量级在不同的环境和学习问题中有很大差异。如果深度 Q-Learner 智能体需要解决这样的多变问题而我们又不想在每个不同环境中逐一微调超参数，则必须对这些不同大小的奖励进行处理。这就是考虑奖励修剪的原因。我们需要把奖励修剪为−1、0 或者+1，这具体取决于环境收到的实际奖励的符号。这样，我们就可以限制多种环境中奖励的量级。可以通过集成 gym.RewardWrapper 类并修改 reward(...) 函数来实现简单的奖励修剪技术，并应用到环境中：

```
class ClipRewardEnv(gym.RewardWrapper):
    def __init__(self, env):
        gym.RewardWrapper.__init__(self, env)

    def reward(self, reward):
        """ Clip rewards to be either -1, 0 or +1 based on the sign"""
        return np.sign(reward)
```

 将奖励修剪到(−1,0,1)间的技术对 Atari 游戏很有效。但需要注意的是，这可能不是对所有奖励的量级和频率波动很大的环境通用的最佳方式。奖励修剪的本质可能改变了智能体学习的内容，导致无法学习我们想要的内容。

（2）**处理 Atari 屏幕图像帧**。Atari Gym 环境处理的观测图像的尺寸为 210×160×3，这个尺寸代表 RGB（彩色）图像宽 210 像素、高 160 像素。原始分辨率为 210×160×3 的彩色图像有更多像素和更多信息，所以即使降低了分辨率，依然有可能获得更优的性能。低分辨率意味着智能体每步处理的数据更少，这会加快训练速度，特别是在普通消费级计算机上。

让我们创建一个预处理流水线，使其能接收原始观测图像（Atari 屏幕），然后进行以下处理，如图 6-4 所示。

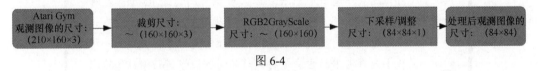

图 6-4

我们可以裁剪掉屏幕中对智能体无用的信息部分。

最后把图像的尺寸调整为 84×84。你可以选择不同的数值，不一定是 84，只要包含足够的像素量即可。然而，方阵（如 84×84 或 80×80）是有效的，因为进行卷积操作（如使用 CUDA）针对方阵输入会有优化。

```
def process_frame_84(frame, conf):
    frame = frame[conf["crop1"]:conf["crop2"] + 160, :160]
    frame = frame.mean(2)
```

```
frame = frame.astype(np.float32)
frame *= (1.0 / 255.0)
frame = cv2.resize(frame, (84, conf["dimension2"]))
frame = cv2.resize(frame, (84, 84))
frame = np.reshape(frame, [1, 84, 84])
return frame


class AtariRescale(gym.ObservationWrapper):
    def __init__(self, env, env_conf):
        gym.ObservationWrapper.__init__(self, env)
        self.observation_space = Box(0.0, 1.0, [1, 84, 84])
        self.conf = env_conf

    def observation(self, observation):
        return process_frame_84(observation, self.conf)
```

注意，使用 numpy.float32 数据类型中 84×84 像素分辨率的一帧图像需要 4 字节，因此一共需要 4×84×84 = 28224 字节。回想一下经验记忆的相关内容可知，一个经验对象包含两帧（一个是当前观测，另一个是下一观测），这意味着需要 2×28224 = 56448 字节（还要再加上动作 2 字节、奖励 4 字节）。56448 字节（或 0.056448 MB）看起来不多。但考虑到实际操作中如果要实现容量为 1e6（100 万）的经验记忆，那就需要 1e6×0.056448MB = 56448 MB，即 56.448 GB！这意味着仅 100 万容量的经验记忆就需要 56.448 GB 的 RAM！

可以进行一些记忆优化，以减少训练所需的 RAM。在有些游戏里，用更小的经验记忆是很直接的方式。但在一些环境中，用更大的经验记忆会让智能体学得更快。一种减小内存占用的方法是存储时不对图像帧进行缩放（除以 255），因为缩放需要浮点表示（使用 numpy.float32）。使用 numpy.uint8 只需要 1 字节而不是 4 字节来存储每个像素。这会帮助我们降低内存需求。之后，当要用存储经验并传递给深度 Q 网络获取 Q 值预测时，我们可以再将图像帧缩放到 0.0～1.0。

（3）**规范化观测结果**。在某些情况下，规范化观测结果可以帮助加速收敛。最常用的规范化过程包括下面两步：第一步，零中心均值减法；第二步，使用标准差缩放。

本质上，规范化过程如下：

```
(x-numpy.mean(x))/numpy.std(x)
```

在前面的过程中，x 是观测结果。注意，也可以使用其他规范化流程，这取决于对规范化值域的要求。例如，如果我们想规范化后的值域为 0~1，则需要：

```
(x-numpy.min(x)) / (numpy.max(x) -numpy.min(x))
```

在前面的过程中，不是减去均值，而是减去最小值并除以最大值和最小值间的差值。这样，观测结果 x 的最小值就被规范化到 0，而最大值被规范化到 1。

另外，如果我们想让规范化后的值域为 -1~+1，则可以用下面的方法：

```
2 * (x - numpy.min(x)) / (numpy.max(x) - numpy.min(x)) - 1
```

在环境规范化封装器实现中，我们会先减去均值使观测结果零中心化，然后再用标准差缩放观测结果。实际上，我们还会再做一步，即基于智能体从以往到当前观测到的所有数据来计算观测结果的均值和方差。这种方法在同一环境下的不同观测结果方差较大时比较适用。下面是环境规范化封装器的实现代码：

```
class NormalizedEnv(gym.ObservationWrapper):
    def __init__(self, env=None):
        gym.ObservationWrapper.__init__(self, env)
        self.state_mean = 0
        self.state_std = 0
        self.alpha = 0.9999
        self.num_steps = 0

    def observation(self, observation):
        self.num_steps += 1
        self.state_mean = self.state_mean * self.alpha + \
            observation.mean() * (1 - self.alpha)
        self.state_std = self.state_std * self.alpha + \
            observation.std() * (1 - self.alpha)

        unbiased_mean = self.state_mean / (1 - pow(self.alpha,self.num_steps))
        unbiased_std = self.state_std / (1 - pow(self.alpha,self.num_steps))
        return (observation - unbiased_mean) / (unbiased_std + 1e-8)
```

我们从环境中观测到（或者经过了预处理封装器）的图像帧已经被缩放了（范围为 0~255 或 0.0~1.0）。规范化的缩放步骤在这里显得不是非常有帮助。这个封装器会对其他环境有用，但同样可能不利于已经对数据进行过缩放的 Gym 环境（如 Atari）。

（4）**随机空操作重置**。当环境被重置时，智能体可能从同样的初始状态开始并在重置后收到同样的观测结果。这样智能体可能就会习惯于从某一特定状态或游戏难度开始，以至于一旦某些状态和难度发生轻微的变化，智能体的表现会变得很差。有时，随机初始化状态很有用，例如，在回合开始时采用不同的状态。为了达到这一目的，我们可以增加一个 Gym 封装器在重置后送出第一个观测结果前执行随机数量的"空操作"。Gym 库中 Atari 2600 的 Arcade 学习环境支持"NOOP"或无操作动作，动作被记作 0 值。所以，我们会在环境返回观测结果到智能体前设置一个随机次数的 action=0，如下列代码所示：

```python
class NoopResetEnv(gym.Wrapper):
    def __init__(self, env, noop_max=30):
        """Sample initial states by taking random number of no-ops on reset.
        No-op is assumed to be action 0.
        """
        gym.Wrapper.__init__(self, env)
        self.noop_max = noop_max
        self.noop_action = 0
        assert env.unwrapped.get_action_meanings()[0] == 'NOOP'

    def reset(self):
        """ Do no-op action for a number of steps in [1, noop_max]."""
        self.env.reset()
        noops = random.randrange(1, self.noop_max + 1) # pylint: disable=E1101
        assert noops > 0
        obs = None
        for _ in range(noops):
            obs, _, done, _ = self.env.step(self.noop_action)
        return obs

    def step(self, ac):
        return self.env.step(ac)
```

（5）**开始键重置**。有些 Atari 游戏要求用户按下**开始键**（Fire）后启动游戏，有些游戏则要求角色每次失去生命后都要再按下开始键。没有更多功能，这就是开始键的唯一用途！尽管对于我们来说，这不是什么值得关注的事情，但对于强化学习智能体来说确实是很难意识到的。实际上，在遇到很多问题时，如果没有人类帮助，智能体很容易失灵！例如，在 Qbert 游戏中智能体用演化策略（一种由遗传算法启发的黑箱学习策略）开发了一种特有的方式，让游戏一直收到分数而永不停止！你知道智能体能得到多少分吗？大约 100 万！它们只能得到这样的分数，因为游戏在一定时间后会被人为地重置。

重点不是智能体让聪明到可以解决这些问题。解决问题是肯定的，不过有些时候，这会影响到智能体是否能在可接受的时间内解决问题。当一个智能体试图逐一学习多个游戏时，这种情况会变得尤其明显。我们最好从简单的假设开始，然后等到智能体可以在简单环境下表现出色后再逐渐增加难度。

实现 FireResetEnv Gym 封装器，让智能体在每次按下开始键重置后就获得全新的环境。代码实现如下：

```python
class FireResetEnv(gym.Wrapper):
    def __init__(self, env):
        """Take action on reset for environments that are fixed until firing."""
        gym.Wrapper.__init__(self, env)
        assert env.unwrapped.get_action_meanings()[1] == 'FIRE'
        assert len(env.unwrapped.get_action_meanings()) >= 3

    def reset(self):
        self.env.reset()
        obs, _, done, _ = self.env.step(1)
        if done:
            self.env.reset()
        obs, _, done, _ = self.env.step(2)
        if done:
            self.env.reset()
        return obs

    def step(self, ac):
        return self.env.step(ac)
```

（6）**回合生命**。在很多游戏（包括 Atari 游戏）中，玩家的生命不止一条。

DeepMind 通过观察发现，在角色失去生命时终止回合可以让智能体学得更好，他们认为这可以让智能体了解丧失生命是一件不好的事。对于这种情况，当一个回合终止时，我们不会重置环境，而是继续直到游戏结束再重置环境。如果我们在每次角色丧失生命后都重置环境，可能会限制智能体在一次生命中的探索，这对学习性能很不利。

为了实现刚刚提到的功能，我们会用 EpisodicLifeEnv 类来标记角色丧失生命时回合的结束，然后当游戏结束时重置环境，如下面代码所示：

```python
class EpisodicLifeEnv(gym.Wrapper):
    def __init__(self, env):
        """Make end-of-life == end-of-episode, but only reset on true game over.
        Done by DeepMind for the DQN and co. since it helps value estimation.
        """
        gym.Wrapper.__init__(self, env)
        self.lives = 0
        self.was_real_done = True
```

```python
    def step(self, action):
        obs, reward, done, info = self.env.step(action)
        self.was_real_done = True
        # check current lives, make loss of life terminal,
        # then update lives to handle bonus lives
        lives = info['ale.lives']
        if lives < self.lives and lives > 0:
            # for Qbert sometimes we stay in lives == 0 condition for a few frames
            # so its important to keep lives > 0, so that we only reset once
            # the environment advertises done.
            done = True
            self.was_real_done = False
        self.lives = lives
        return obs, reward, done, info

    def reset(self):
        """Reset only when lives are exhausted.
        This way all states are still reachable even though lives are episodic,
        and the learner need not know about any of this behind-the-scenes.
        """
        if self.was_real_done:
            obs = self.env.reset()
            self.lives = 0
        else:
            # no-op step to advance from terminal/lost life state
            obs, _, _, info = self.env.step(0)
            self.lives = info['ale.lives']
        return obs
```

（7）**最大化和略过帧**。我们在第 4 章讨论命名规范时提到，Gym 库提供的名称中带有 NoFrameskip 的环境。默认情况下，如果在环境名中没有 Deterministic 或 NoFrameskip，则发送给环境的动作是每 n 帧一次，n 从(2,3,4)中均匀采样。如果我们想以固定的速率逐步进行，那么可以使用在 ID 中带有 NoFrameskip 的环境。这种环境不会改变其采样间隔。这里采样速率是每秒 60 帧。我们可以自定义环境以一定的比例（k）来跳过帧。具体实现如下：

```python
class MaxAndSkipEnv(gym.Wrapper):
    def __init__(self, env=None, skip=4):
        """Return only every 'skip'-th frame"""
        gym.Wrapper.__init__(self, env)
        # most recent raw observations (for max pooling across time steps)
        self._obs_buffer = deque(maxlen=2)
        self._skip = skip
    def step(self, action):
```

```
        total_reward = 0.0
        done = None
        for _ in range(self._skip):
            obs, reward, done, info = self.env.step(action)
            self._obs_buffer.append(obs)
            total_reward += reward
            if done:
                break

        max_frame = np.max(np.stack(self._obs_buffer), axis=0)
        return max_frame, total_reward, done, info

    def reset(self):
        """Clear past frame buffer and init. to first obs. from inner env."""
        self._obs_buffer.clear()
        obs = self.env.reset()
        self._obs_buffer.append(obs)
        return obs
```

注意，对于跳过的帧，我们也会对它取像素的最大值并送回作为观测结果，而不是完全忽略。

2. 封装 Gym 环境

最后，我们会应用前面基于在 parameters.JSON 文件中声明的环境配置开发的封装器：

```
def make_env(env_id, env_conf):
    env = gym.make(env_id)
    if 'NoFrameskip' in env_id:
        assert 'NoFrameskip' in env.spec.id
        env = NoopResetEnv(env, noop_max=30)
        env = MaxAndSkipEnv(env, skip=env_conf['skip_rate'])

    if env_conf['episodic_life']:
        env = EpisodicLifeEnv(env)

    if 'FIRE' in env.unwrapped.get_action_meanings():
        env = FireResetEnv(env)

    env = AtariRescale(env, env_conf['useful_region'])
    env = NormalizedEnv(env)
    if env_conf['clip_reward']:
        env = ClipRewardEnv(env)
    return env
```

前面提到的环境封装器都可以从本书代码库的 ch6/environment/atari.py 文件中获得。

6.4　训练深度 Q-Learner 玩 Atari 游戏

至此，你已经了解了很多新技术，非常值得鼓励！你已经坚持学习了这么多内容！现在是时候开始体验有趣的环节了，让智能体训练自己玩一些 Atari 游戏并观察它的进展。这是多么棒的一个深度 Q-Learner！我们可以用同一个智能体训练并玩任何 Atari 游戏！

在本节的最后，我们会让深度 Q-Learning 智能体观察屏幕上的像素，并通过向 Atari Gym 环境发出摇杆指令来采取行动，你可以通过图 6-5 所示的相关示意图来加深理解。

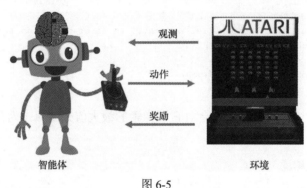

图 6-5

6.4.1　整合一个完整的深度 Q-Learner

是时候整合所有提到的技术来让智能体实现最佳性能了。我们会用到前面章节创建的多个封装器的 `environment.atari` 模块，先看一下代码大纲，以理解代码结构。

 你会注意到，某些代码被我们移除并用...代替了，这主要是为了简洁而隐藏了部分代码。你可以在本书的代码库 ch6/deep_Q_Learner.py 中找到最新版本。

```python
#!/usr/bin/env python
#!/usr/bin/env python

import gym
import torch
import random
import numpy as np

import environment.atari as Atari
import environment.utils as env_utils
from utils.params_manager import ParamsManager
```

```
from utils.decay_schedule import LinearDecaySchedule
from utils.experience_memory import Experience, ExperienceMemory
from function_approximator.perceptron import SLP
from function_approximator.cnn import CNN
from tensorboardX import SummaryWriter
from datetime import datetime
from argparse import ArgumentParser

args = ArgumentParser("deep_Q_learner")
args.add_argument("--params-file", help="Path to the parameters json file.
Default is parameters.json", default="parameters.json", metavar="PFILE")
args.add_argument("--env-name", help="ID of the Atari environment available
in OpenAI Gym. Default is Seaquest-v0", default="Seaquest-v0", metavar="ENV")
args.add_argument("--gpu-id", help="GPU device ID to use. Default=0",
default=0, type=int, metavar="GPU_ID")
args.add_argument("--render", help="Render environment to Screen. Off by
default", action="store_true", default=False)
args.add_argument("--test", help="Test mode. Used for playing without
learning. Off by default", action="store_true", default=False)
args = args.parse_args()

params_manager= ParamsManager(args.params_file)
seed = params_manager.get_agent_params()['seed']
summary_file_path_prefix =
params_manager.get_agent_params()['summary_file_path_prefix']
summary_file_path= summary_file_path_prefix + args.env_name + "_" +
datetime.now().strftime("%y-%m-%d-%H-%M")
writer = SummaryWriter(summary_file_path)
# Export the parameters as json files to the log directory to keep track of
the parameters used in each experiment
params_manager.export_env_params(summary_file_path + "/" +
"env_params.json")
params_manager.export_agent_params(summary_file_path + "/" +
"agent_params.json")
global_step_num = 0
use_cuda = params_manager.get_agent_params()['use_cuda']
# new in PyTorch 0.4
device = torch.device("cuda:" + str(args.gpu_id) if
torch.cuda.is_available() and use_cuda else "cpu")
torch.manual_seed(seed)
np.random.seed(seed)
if torch.cuda.is_available() and use_cuda:
    torch.cuda.manual_seed_all(seed)


class Deep_Q_Learner(object):
    def __init__(self, state_shape, action_shape, params):
        ...
    def get_action(self, observation):
        ...
    def epsilon_greedy_Q(self, observation):
```

```
        ...
    def learn(self, s, a, r, s_next, done):
        ...
    def learn_from_batch_experience(self, experiences):
        ...
    def replay_experience(self, batch_size = None):
        ...
    def load(self, env_name):
        ...

if __name__ == "__main__":
    env_conf = params_manager.get_env_params()
    env_conf["env_name"] = args.env_name
    # If a custom useful_region configuration for this environment ID is
available, use it if not use the Default
    ...
    # If a saved (pre-trained) agent's brain model is available load it as
per the configuration
    if agent_params['load_trained_model']:
    ...

    # Start the training process
    episode = 0
    while global_step_num <= agent_params['max_training_steps']:
        obs = env.reset()
        cum_reward = 0.0 # Cumulative reward
        done = False
        step = 0
        #for step in range(agent_params['max_steps_per_episode']):
        while not done:
            if env_conf['render'] or args.render:
                env.render()
            action = agent.get_action(obs)
            next_obs, reward, done, info = env.step(action)
            #agent.learn(obs, action, reward, next_obs, done)
            agent.memory.store(Experience(obs, action, reward, next_obs,done))

            obs = next_obs
            cum_reward += reward
            step += 1
            global_step_num +=1

            if done is True:
                episode += 1
                episode_rewards.append(cum_reward)
                if cum_reward > agent.best_reward:
                    agent.best_reward = cum_reward
                if np.mean(episode_rewards) > prev_checkpoint_mean_ep_rew:
                    num_improved_episodes_before_checkpoint += 1
                if num_improved_episodes_before_checkpoint >=
agent_params["save_freq_when_perf_improves"]:
```

```
                    prev_checkpoint_mean_ep_rew = np.mean(episode_rewards)
                    agent.best_mean_reward = np.mean(episode_rewards)
                    agent.save(env_conf['env_name'])
                    num_improved_episodes_before_checkpoint = 0
                print("\nEpisode#{} ended in {} steps. reward ={} ;
mean_reward={:.3f} best_reward={}".
                        format(episode, step+1, cum_reward,
np.mean(episode_rewards), agent.best_reward))
                writer.add_scalar("main/ep_reward", cum_reward,global_step_num)
                writer.add_scalar("main/mean_ep_reward",
np.mean(episode_rewards), global_step_num)
                writer.add_scalar("main/max_ep_rew", agent.best_reward,
global_step_num)
                # Learn from batches of experience once a certain amount of
xp is available unless in test only mode
                if agent.memory.get_size() >= 2 *
agent_params['replay_start_size'] and not args.test:
                    agent.replay_experience()

                break
    env.close()
    writer.close()
```

6.4.2　超参数

表 6-2 列出了深度 Q-Learner 会用到的超参数，并简要描述了其用途和取值的类型。

表 6-2

超参数	用途	取值的类型
max_num_episodes	智能体最多可运行的回合数	整型（例如 100000）
replay_memory_capacity	经验记忆的最大容量	整型或者指数形式（例如 1e6）
replay_batch_size	每次更新迭代时用经验回放来更新 Q 函数的一个（最小）批次的转移数	整型（例如 2000）
use_target_network	目标 Q 网络是否被使用	布尔类型（true/false）
target_network_update_freq	用主网络更新目标 Q 网络后的步数	整型（例如 1000）
lr	深度 Q 网络的学习率	浮点型（例如 1e-4）
gamma	马尔可夫决策过程中的折扣因子	浮点型（例如 0.98）
epsilon_max	ε 的最大值，即其衰减过程的起始值	浮点型（例如 1.0）
epsilon_min	ε 的最小值，即其衰减过程后期的稳定值	浮点型（例如 0.05）

超参数	用途	取值的类型
`seed`	种子数用于 Numpy 和 torch（包括 `torch.cuda`）中以帮助某些库产生随机性	整型（例如 555）
`use_cuda`	如果 GPU 可用，那么是否用基于 CUDA 的 GPU	布尔型（例如 true）
`load_trained_model`	如果这个问题/环境已经有一个训练模型，是否加载。如果设置为 true，但实际没有训练好的模型，则从零开始训练	布尔型（例如 true）
`load_dir`	为加载模型继续训练所需的模型路径（包括左斜杠）	字符串型（例如"trained_models/"）
`save_dir`	模型保存的路径。新模型会在智能体获得一个更好的分数/奖励时进行保存	字符串型（例如"trained_models/"）

请参考本书代码库中的 `ch6/parameters.JSON` 文件，以查看用于更新的智能体的参数列表。

6.4.3　启动训练过程

我们现在已经把所有有关深度 Q-Learner 的代码段整合在一起并为训练智能体做好了准备！开始训练之前，请先确保你已经从本书的代码库中下载或更新了最新版本的代码。

现在可以用下面的命令任选一个 Atari 环境并开始训练智能体：

```
(rl_gym_book) praveen@ubuntu:~/HOIAWOG/ch6$ python deep_Q_learner.py --env
"ENV_ID"
```

其中，`ENV_ID` 是 Atari Gym 环境的名字/ID。例如，如果你想在 `pong` 环境上无帧略过地训练智能体，则可以运行以下代码：

```
(rl_gym_book) praveen@ubuntu:~/HOIAWOG/ch6$ python deep_Q_learner.py --env
"PongNoFrameskip-v4"
```

默认情况下，训练日志会存储在 `./logs/DQL_{ENV}_T` 路径下，其中 `{ENV}` 是环境名、`T` 是运行智能体的时间戳。如果用以下代码开启一个 TensorBoard 实例：

```
(rl_gym_book) praveen@ubuntu:~/HOIAWOG/ch6$ tensorboard --logdir=logs/
```

默认情况下，`deep_Q_learner.py` 脚本会用和脚本文件位于同样路径下的

parameters.JSON 文件作为配置参数值的脚本。你可以用 --params-file 语句让不同的参数配置文件覆盖原有文件。

如果 parameters.JSON 文件中的 load_trained_model 是 true 并且对所选环境有训练好的模型，则脚本会尝试用训练过的已有模型来初始化智能体，以达到重用之前训练成果的目的，避免从头开始。

6.4.4　在 Atari 游戏中测试深度 Q-Learner 的性能

看起来不错，不是吗？你已经开发了一个可以学习任何 Atari 游戏并能自我优化的智能体！一旦在任何 Atari 游戏上训练了自己的智能体，你就可以用脚本中的测试模型测试智能体学习所达到的性能。可以用 --test 语句在 deep_Q_learner.py 脚本中启动测试模式。这个方法对于开启环境渲染也很有用，你可以直观地看到（当然奖励是在控制台输出的）智能体是如何运行的。例如，你可以用下面的命令在 Seaquest Atari 游戏中测试智能体：

```
(rl_gym_book) praveen@ubuntu:~/HOIAWOG/ch6$ python deep_Q_learner.py --env
"Seaquest-v0" --test --render
```

你会看到 Seaquest 游戏窗口弹出，然后智能体开始向你展示它的技能！

下面是关于 test 模式需要注意的两点。

- test 模式会关闭智能体的学习功能。所以，智能体将不会在测试模型中自我学习或更新。这个模式只能用于检测一个训练好的模型性能。如果你想查看智能体在学习过程中的性能，可以用 --render 选项而不是 --test 选项。
- 对于选定的环境，test 模式假定已经有了一个名为 trained_models 文件夹的存在。如果没有这个文件夹，则系统会用一个新的智能体，它没有任何知识，从零基础开始玩。同样，因为学习功能关闭了，所以你永远也看不到智能体有任何进步！

现在，该去测试、回顾并比较所实现的智能体在不同 Atari Gym 环境中的性能和得分了！如果你训练了一个游戏玩得很好的智能体，就可以提交一个拉取请求到本书的代码库中展示并分享给其他读者。

一旦熟悉了代码，我们就可以做很多测试，例如，可以在 parameter.JSON 中进行修改，以关闭目标 Q 网络或者增大/减小经验内存/回放的批次大小，并用 TensorFlow 控制面板便捷地比较其性能。

6.5　小结

本章旨在实现一个可以在 Atari 游戏中取得好成绩的智能体。在前面几节中，我们渐进地实现了一系列的技术来优化 Q-Learning 智能体。首先学习如何用神经网络近似 Q 动作-值函数，以及如何使用浅层神经网络解决车杆平衡问题；然后实现了经验记忆和经验回放来让智能体学习（最小）随机样本批次，以达到使用具有之前知识的经验回放来提高样本使用效能的作用；之后重温了 ε-贪婪动作选择策略，并实现了一个衰减计划来降低基于计划的探索，让智能体更加依赖以往获得的经验来做出判断。

之后，我们探究了如何用 TensorBoard 中的记录和可视化功能以一种更简单、直观的方式来观察用 PyTorch 开发的智能体的训练过程，还用易读的 JSON 文件实现了一个嵌套的小型参数管理器。

得到好的基准和一套有用的实现工具之后，我们开始实现深度 Q-Learner。我们用 PyTorch 实现了一个深度卷积神经网络，以表示智能体的 Q（动作-值）函数，然后使用目标 Q 网络来稳定智能体的 Q-Learning，继而组合基于 Q-Learning 的智能体，让其能够以 Gym 环境中观测到的原始像素作为输入进行学习。

我们着眼于 Atari Gym 环境并探究了多种使用 Gym 环境封装器自定义 Gym 环境的方式，还讨论了多种对 Atari 环境有用的封装器来实现奖励修剪、处理观测图像帧、基于整个观测样本分布规范化观测结果、发送随机空操作来随机初始化状态、按下开始键重置和设置帧略过的速率；最后研究如何强化并整合所有智能体训练代码并在 Atari 游戏中训练智能体，同时通过 TensorBoard 观察其进展。我们还探究了如何重用智能体之前训练过的模型而不是每次都从头开始训练，并看到了智能体的性能提升。

在第 7 章中，我们会实现另一种算法以处理更复杂的动作，而不只是一系列简单的按钮动作。我们会用这种算法来训练智能体完成控制汽车的模拟！

第 7 章　创建自定义 OpenAI Gym 环境——CARLA

在第 1 章中，我们了解了 OpenAI Gym 环境分类中不同类型的可用环境。在前面的章节中，我们探索了环境列表及其命名方法，也简单了解了其中一些环境，还开发了自己的智能体，解决了过山车问题、车杆平衡问题并让其学习在一些 Atari 游戏环境中玩游戏。现在，你应该对 OpenAI Gym 可用的多种环境类型及其特点有足够多的了解了。通常，一旦学会了如何开发智能体，我们就会想用同样的知识和技巧去开发不同的智能体以解决新的问题——那些我们遇到的或者感兴趣的问题。例如，你可能是游戏开发者，想增强你的游戏角色，使其拥有智能行为；或者你是机器人工程师，想让你的机器人拥有人类智能；抑或你是自动驾驶工程师，想使用强化学习实现自动驾驶。你也可能是思想家，想在智能物联网（IoT）设备中加入一个小组件；或者你是医护人员，想用机器学习提升研究室的诊断能力。这些潜在的应用是无限的。

我们之所以选择 OpenAI Gym 作为学习环境，是因为它简洁而标准的接口从环境-智能体接口中分离出了环境的类型和特征。在本章中，我们会了解如何根据个人或专业需求来创建环境。这会让你能够根据设计或者问题需求自由地使用之前完成的智能体实现、训练和测试脚本、参数管理器、日志和可视化程序。

7.1　理解 Gym 环境结构

与 Gym 兼容的环境都应该是 `gym.Env` 类的子类，并实现了 `reset` 和 `step` 方法，还有 `observation_space` 和 `action_space` 属性。这也让我们有机会通过为环境添加一些可选方法来增加额外的功能。表 7-1 列出其他可选的方法及其功能描述。

表 7-1

方法	功能描述
observation_space	环境所返回的观测结果的尺寸和种类
action_space	环境所接收的动作的尺寸和种类
reset()	在每个回合的开始或结束时，重置环境的程序
step(...)	计算运行环境、模拟或游戏中下一步所需的必要信息的程序。这段程序包含环境中所选择的动作、计算出的奖励、下一个观测结果和回合是否结束的判断
_render()	（可选）对 Gym 环境的状态或者观测结果进行渲染
_close()	（可选）关闭 Gym 环境
_seed()	（可选）为 Gym 环境中的随机函数自选随机种子，以保证环境中的行为可以重现
_configure()	（可选）运行额外的环境配置

7.1.1　为自定义 Gym 环境实现创建模板

基于刚了解到的 Gym 环境结构，我们现在可以展示名为 CustomEnv 的自定义环境的基础版本。它是 gym.Env 的子类，实现了 Gym 兼容环境所必需的方法和参数。下面是最简单的实现模板：

```
import gym

class CustomEnv(gym.Env):
    """
    A template to implement custom OpenAI Gym environments

    """

    metadata = {'render.modes': ['human']}
    def __init__(self):
        self.__version__ = "0.0.1"
        # Modify the observation space, low, high and shape values
according to your custom environment's needs
        self.observation_space = gym.spaces.Box(low=0.0, high=1.0,shape=(3,))
        # Modify the action space, and dimension according to your custom
environment's needs
        self.action_space = gym.spaces.Box(4)

    def step(self, action):
        """
        Runs one time-step of the environment's dynamics. The reset()
```

```
method is called at the end of every episode
        :param action: The action to be executed in the environment
        :return: (observation, reward, done, info)
            observation (object):
                Observation from the environment at the current time-step
            reward (float):
                Reward from the environment due to the previous action performed
            done (bool):
                a boolean, indicating whether the episode has ended
            info (dict):
                a dictionary containing additional information about the
previous action
        """
        # Implement your step method here
        #  - Calculate reward based on the action
        #  - Calculate next observation
        #  - Set done to True if end of episode else set done to False
        #  - Optionally, set values to the info dict
        # return (observation, reward, done, info)

    def reset(self):
        """
        Reset the environment state and returns an initial observation

        Returns
        -------
        observation (object): The initial observation for the new episode
after reset
        :return:
        """

        # Implement your reset method here
        # return observation

    def render(self, mode='human', close=False):
        """

        :param mode:
        :return:
        """
        return
```

在完成环境类的实现后，我们应该将其注册到 OpenAI Gym 登记处，这样就可以像之前使用 Gym 环境那样使用 gym.make(ENV_NAME) 来创建环境的实例了。

7.1.2　在 OpenAI Gym 环境中注册自定义环境

我们可以很容易地用 gym.envs.registration.register 模块来注册自定义的 Gym 环境。这个模块提供的 register 方法可供我们使用参数 id 来设置之前提到的自定义环境的类名——这样便于 gym.make(...) 和 entry_point 进行调用。注册 CustomEnv 类所需的代码如下：

```
from gym.envs.registration import register


register(
    id='CustomEnv-v0',
    entry_point='custom_environments.envs:CustomEnv',
)
```

我们之后会利用这个模板创建一个使用复杂驾驶模拟器的自定义 Gym 环境。

7.2　创建与 OpenAI Gym 兼容的 CARLA 环境

CARLA 是在比较真实的 UnrealEngineer4 游戏引擎上渲染构建的驾驶模拟器。在本节中，我们会了解如何创建与 OpenAI Gym 兼容的驾驶环境模拟器并用其训练智能体。这是一个相当复杂的环境并且需要 GPU 支持——不同于我们之前见过的 Gym 环境。一旦了解了如何为 CARLA 创建一个自定义的 Gym 兼容环境接口，你就有了足够多的为任意一个环境开发接口的信息——无论环境有多复杂。

CARLA 的最新版本是 CARLA 0.8.2。大多数（不是全部）的核心环境接口，特别是 PythonClient 库，可能依然没变。如果今后有更新，使得自定义环境实现需要微调，我们会在本书的代码库中更新以兼容最新版的 CARLA。所以，请确保你使用的是本书最新版的代码库。除此之外，本章所讨论的自定义环境实现组件通常情况下都是适用的，可以帮助你定义自己的自定义环境来兼容 OpenAI Gym 接口。自定义 CARLA 环境接口的完整代码可以从本书代码库的 ch7/carla-gym 处获得。

在开始实现与 OpenAI Gym 兼容的 CARLA 环境前，让我们先看一下 CARLA 模拟器。这里需要下载 CARLA 二进制发行版。在下面的内容中，我们会用 VER_NUM 来标记版本号。在执行下面代码前，请确保将 VER_NUM 替换为你正在使用的版本号：

（1）在主目录下用以下命令创建一个名为 software 的文件夹：

```
mkdir ~/software && cd ~/software
```
（2）从 GitHub 官网下载 Linux 版本的 CARLA 二进制发行版，然后将其解压到

~/software。现在应该在~/software/CARLA_VER_NUM 文件夹下有一个名为 CarlaUE4.sh 的文件了。

（3）用下面的命令在计算机上设置 CARLA_SERVER 环境变量指向 CarlaUE4.sh：

```
export CARLA_SERVER=~/software/CARLA_VER_NUM/CarlaUE4.sh
```

现在，你应该准备好试运行 CARLA 了！执行$CARLA_SERVER或者~/software/CARLA_VER_NUM/CarlaUE4.sh。对于 CARLA 0.8.2 版本，这个命令会是~/software/CARLA_0.8.2/CarlaUE4.sh。你现在应该看到一个 CARLA 模拟器屏幕，如图 7-1 所示。

图 7-1

图 7-1 显示了车辆（智能体）在 CARLA 中的起始位置。图 7-2 显示了车辆在 CARLA 环境中的另一个起始位置。

图 7-2

一旦车辆被初始化，你就可以用键盘上的 W、A、S、D 键来控制车辆。按 W 键会让车辆前进，按 A 键让车辆向左，剩下的你可以自行探索！

让我们继续，启动 Gym 兼容 CARLA 环境配置和初始化的实现。

7.2.1　配置和初始化

我们先定义一些环境特有的配置参数，然后简单介绍一下场景配置。之后我们会对 CarlaEnv 类（这个类继承自 Gym.Env 类）进行初始化流程的实现。

1. 配置

先用字典为环境定义一个配置参数列表：

```
# Default environment configuration
ENV_CONFIG = {
    "enable_planner": True,
    "use_depth_camera": False,
    "discrete_actions": True,
    "server_map": "/Game/Maps/" + city,
    "scenarios": [scenario_config["Lane_Keep_Town2"]],
    "framestack": 2, # note: only [1, 2] currently supported
    "early_terminate_on_collision": True,
    "verbose": False,
    "render_x_res": 800,
    "render_y_res": 600,
    "x_res": 80,
    "y_res": 80
}
```

scenario_config 定义了一些对创建多种驾驶场景很有帮助的参数。scenarios.json 文件描述了这个场景配置，这个文件可以在本书代码库 ch7/carla-gym/carla_gym/envs/scenarios.json 中找到。

2. 初始化

在 _init_ 方法中，我们定义了初始化参数、动作及状态空间。在前面几节中，我们已经知道这些定义是必需的。它们的实现是非常直接的，如下所示：

```
def __init__(self, config=ENV_CONFIG):
    self.config = config
    self.city = self.config["server_map"].split("/")[-1]
    if self.config["enable_planner"]:
        self.planner = Planner(self.city)

    if config["discrete_actions"]:
```

```python
            self.action_space = Discrete(len(DISCRETE_ACTIONS))
        else:
            self.action_space = Box(-1.0, 1.0, shape=(2,))
        if config["use_depth_camera"]:
            image_space = Box(
                -1.0, 1.0, shape=(
                    config["y_res"], config["x_res"],
                    1 * config["framestack"]))
        else:
            image_space = Box(
                0.0, 255.0, shape=(
                    config["y_res"], config["x_res"],
                    3 * config["framestack"]))
        self.observation_space = Tuple(
            [image_space,
             Discrete(len(COMMANDS_ENUM)), # next_command
             Box(-128.0, 128.0, shape=(2,))]) # forward_speed, dist to goal
        self._spec = lambda: None
        self._spec.id = "Carla-v0"

        self.server_port = None
        self.server_process = None
        self.client = None
        self.num_steps = 0
        self.total_reward = 0
        self.prev_measurement = None
        self.prev_image = None
        self.episode_id = None
        self.measurements_file = None
        self.weather = None
        self.scenario = None
        self.start_pos = None
        self.end_pos = None
        self.start_coord = None
        self.end_coord = None
        self.last_obs = None
```

7.2.2 实现 reset 方法

正如你注意到的,在每个回合的开始,我们都会调用 Gym 环境的 reset 方法。对于 CARLA 环境,我们希望通过 CARLA 客户端来更新 CARLA 服务器,以重复实现当前难度的模拟。

让我们开始 reset 方法的实现。

用 CarlaSettings 对象自定义 CARLA 模拟

当开始一个新回合时，我们希望能够配置开始状态（智能体或者车辆在哪里开始）、目标状态（智能体或者车辆的目标点）、回合的复杂度（以回合中的车辆或行人数量来衡量）、观测结果的类型和来源（车辆的传感器配置）等。

CARLA 项目管理 UE4 环境与外部配置的接口，并用服务器-客户端架构（有两台服务器）进行控制。

对于 CARLA 环境，我们可以用 CarlaSettings 对象或者在 CarlaSettings.ini 文件中配置环境的开始状态、目标状态、复杂程度和传感器源。

让我们创建一个 CarlaSettings 对象并进行一些设置：

```
settings = CarlaSettings() # Initialize a CarlaSettings object with default values
settings.set(
            SynchronousMode=True,
            SendNonPlayerAgentsInfo=True, # To receive info about all other objs
            NumberOfVehicles=self.scenario["num_vehicles"],
            NumberOfPedestrians=self.scenario["num_pedestrians"],
            WeatherId=self.weather)
```

在上述代码中，将 SynchronousMode 设置为 True 来开启同步模式。这时 CARLA 服务器只在收到控制信号时才会停止每帧的执行。控制信息则基于智能体在 CARLA 客户端中采取并传输动作。

在 CARLA 中为车辆添加摄像头和传感器。可以使用以下代码在 CARLA 环境中添加一个 RGB 彩色摄像头：

```
# Create a RGB Camera Object
camera1 = Camera('CameraRGB')
# Set the RGB camera image resolution in pixels
camera1.set_image_size(640, 480)
# Set the camera/sensor position relative to the car in meters
camera1.set_positions(0.25, 0, 1.30)
# Add the sensor to the Carla Settings object
settings.add_sensor(camera1)
```

也可以用以下代码为传感器或者摄像头添加景深：

```
# Create a depth camera object that can provide us the ground-truth depth
of the driving scene
camera2 = Camera("CameraDepth",PostProcessing="Depth")
# Set the depth camera image resolution in pixels
camera2.set_image_size(640, 480)
```

```
# Set the camera/sensor position relative to the car in meters
camera2.set_position(0.30, 0, 1.30)
# Add the sensor to the Carla settings object
settings.add_sensor(camera)Setting up the start and end positions in the
scene for the Carla Simulation
```

可以使用以下代码在 CARLA 环境中添加 LIDAR：

```
# Create a LIDAR object. The default LIDAR supports 32 beams
lidar = Lidar('Lidar32')
# Set the LIDAR sensor's specifications
lidar.set(
    Channels=32, # Number of beams/channels
    Range=50,    # Range of the sensor in meters
    PointsPerSecond=1000000, # Sample rate
    RotationFrequency=10, # Frequency of rotation
    UpperFovLimit=10, # Vertical field of view upper limit angle
    LowerFovLimit=-30) # Vertical field of view lower limit angle
# Set the LIDAR position & rotation relative to the car in meters
lidar.set_position(0, 0, 2.5)
lidar.set_rotation(0, 0, 0)
# Add the sensor to the Carla settings object
settings.add_sensor(lidar)
```

一旦基于所需的驾驶模拟配置创建了 CARLA 设置对象，我们便可以把它送到 CARLA 服务器中，以设置环境并启动模拟。

一旦把 CARLA 设置对象发送到 CARLA 服务器，它会返回一个包含自动驾驶车辆可选起始位置的场景描述对象：

```
scene = self.client.load_settings(settings)
available_start_spots = scene.player_start_spots
```

现在我们可以为智能体或者自动驾驶车辆选择一个特定的起始位置，或者随机选取一个位置：

```
start_spot = random.randint(0, max(0, available_start_spots))
```

我们也可以把起始位置偏好告知服务器并用下面的代码请求启动新回合：

```
self.client.start_episode(start_spot)
```

注意，上面这行代码是一个阻塞函数，它会阻塞动作，直到 CARLA 服务器真正启动这个回合。

现在我们可以从起始位置进入回合直到结束。在 7.2.3 节，我们会看到在 CARLA 环境的 step() 方法中用于推进回合直到结束的实现。

```python
def _reset(self):
        self.num_steps = 0
        self.total_reward = 0
        self.prev_measurement = None
        self.prev_image = None
        self.episode_id = datetime.today().strftime("%Y-%m-%d_%H-%M-%S_%f")
        self.measurements_file = None

        # Create a CarlaSettings object. This object is a wrapper around
        # the CarlaSettings.ini file. Here we set the configuration we
        # want for the new episode.
        settings = CarlaSettings()
        # If config["scenarios"] is a single scenario, then use it if it's
an array of scenarios, randomly choose one and init
        self.config = update_scenarios_parameter(self.config)

        if isinstance(self.config["scenarios"],dict):
            self.scenario = self.config["scenarios"]
        else: #ininstance array of dict
            self.scenario = random.choice(self.config["scenarios"])
        assert self.scenario["city"] == self.city, (self.scenario,self.city)
        self.weather = random.choice(self.scenario["weather_distribution"])
        settings.set(
            SynchronousMode=True,
            SendNonPlayerAgentsInfo=True,
            NumberOfVehicles=self.scenario["num_vehicles"],
            NumberOfPedestrians=self.scenario["num_pedestrians"],
            WeatherId=self.weather)
        settings.randomize_seeds()

        if self.config["use_depth_camera"]:
            camera1 = Camera("CameraDepth", PostProcessing="Depth")
            camera1.set_image_size(
                self.config["render_x_res"], self.config["render_y_res"])
            camera1.set_position(30, 0, 130)
            settings.add_sensor(camera1)

    camera2 = Camera("CameraRGB")
    camera2.set_image_size(
        self.config["render_x_res"], self.config["render_y_res"])
    camera2.set_position(30, 0, 130)
    settings.add_sensor(camera2)

    # Setup start and end positions
    scene = self.client.load_settings(settings)
    positions = scene.player_start_spots
    self.start_pos = positions[self.scenario["start_pos_id"]]
    self.end_pos = positions[self.scenario["end_pos_id"]]
```

```
self.start_coord = [
    self.start_pos.location.x // 100, self.start_pos.location.y //100]
self.end_coord = [
    self.end_pos.location.x // 100, self.end_pos.location.y // 100]
print(
    "Start pos {} ({}), end {} ({})".format(
        self.scenario["start_pos_id"], self.start_coord,
        self.scenario["end_pos_id"], self.end_coord))

# Notify the server that we want to start the episode at the
# player_start index. This function blocks until the server is ready
# to start the episode.
print("Starting new episode...")
self.client.start_episode(self.scenario["start_pos_id"])

image, py_measurements = self._read_observation()
self.prev_measurement = py_measurements
return self.encode_obs(self.preprocess_image(image),py_measurements)
```

7.2.3　为 CARLA 环境实现 step 函数

一旦通过将 CARLA 设置对象发送给 CARLA 服务器，我们就完成了 CARLA 的初始化。接下来，我们调用 `client.start_episode(start_spot)` 来启动驾驶模拟，然后用 `client.read_data()` 方法获取特定步数的模拟数据。这可以用下面一行代码来实现：

```
measurements, sensor_data = client.read_data()
```

1. 获取摄像头或传感器数据

可以用返回的 `sensor_data` 对象的 `data` 属性值来获取任意给定时间点的传感器数据，例如提取 RGB 摄像头帧：

```
rgb_image = sensor_data['CameraRGB'].data
```

`rgb_image` 是 NumPy 的 n 维数组，因此你可以像平时使用 NumPy 的 n 维数组一样操作它。

例如，可以使用如下代码获取 RGB 摄像头图像在(x,y)坐标点的像素值：

```
pixel_value_at_x_y = rgb_image[X, Y]
```

可以用如下代码提取景深摄像头帧：

```
depth_image = sensor_data['CameraDepth'].data
```

2. 在 CARLA 中将动作传递至控制智能体

我们可以在 CARLA 中通过 TCP 客户端将关于方向盘、油门、刹车、手刹和倒挡（齿轮）的命令发送到 CARLA 服务器。CARLA 环境中对于车辆的命令所要遵从的数值类型、范围和描述如表 7-2 所示。

表 7-2

命令/动作名称	数值类型、范围	描述
方向盘	Float, [-1.0, +1.0]	标准化后的方向盘角度
油门	Float, [0.0, 1.0]	标准化后的油门输入值
刹车	Float, [0.0, 1.0]	标准化后的刹车输入值
手刹	Boolean, True/False	手刹被启用（True）或未启用（False）
倒挡	Boolean, True/False	倒挡被启用（True）或未启用（False）

在 CARLA 文档中需要注意，实际的方向盘角度取决于车辆。例如，默认的野马汽车的最大方向角为 70°，定义在车辆前轮的 UE4 蓝图文件中。5 个命令中的 3 个（方向盘、油门和刹车）是浮点实数。虽然范围被限制在 $-1 \sim +1$ 或者 $0 \sim 1$，但可能的（不同）取值是无穷多的。例如，如果我们用单精度浮点数表示油门值，可以有 126×2^{23} 个，也就是有 1056964608 个不同的可能值。对于方向盘的可能值也是类似的，它是油门值数量的两倍，因为它的范围是 $-1 \sim +1$。由于单个控制消息是由 5 个命令组成的一个序列，因此不同操作（或控制消息）的数量是每个命令的总数的乘积，其大致顺序如下：

$$\underbrace{(252 \times 2^{23})}_{方向盘} \times \underbrace{126 \times 2^{23}}_{油门} \times \underbrace{126 \times 2^{23}}_{刹车} \times \underbrace{2}_{手刹} \times \underbrace{2}_{倒挡} \approx 5.63055788 \times 10^{20}$$

这产生了大量的动作空间，使得在其上运行深度学习智能体变得非常困难。对此，我们用两种方式（一个是连续的，另一个是离散的）简化一下状态空间，这对应用不同的强化学习算法很有帮助。例如，基于深度 Q-Learning 的算法（没有使用缩放处理的优势函数）只能在离散空间上使用。

（1）CARLA 中的连续动作空间。在驾驶中，我们通常不会在踩油门的同时踩刹车；又因为 CARLA 中的动作空间是连续的，智能体每步只会采取一个动作，所以可以把踩油门和踩刹车合并为一个命令。让我们现在把踩刹车和踩油门合并为同一个值域为 [-1, +1] 的命令。$-1 \sim 0$ 表示踩刹车命令，$0 \sim 1$ 表示踩油门命令。可以用下面命令来定义：

```
action_space = gym.space.Box(-1.0, 1.0, shape=2(,))
```

action[0] 是关于方向盘的命令，action[1] 是踩油门和踩刹车的组合命令。现在把 hand_brake 和 reverse 都设为 False。接下来，我们会探究如何定义一个离散动作空间，以便能为智能体选择我们想要的内容。

（2）CARLA 中的离散动作空间。我们已经看到了完整的动作空间是巨大的（10^{20} 量级）。既然可以只用一个带 4 个箭头按钮的摇杆或者键盘上的箭形键来控制速度和朝向（车辆的行驶方向），那我们为什么不让智能体用同样的方式来控制车辆呢？嗯，这就是离散化动作空间背后的想法。尽管我们不能精确地控制车辆，但是可以确保离散化后的空间依然能让我们在模拟环境中很好地控制车辆。

继续使用在连续动作空间中使用的方法——用一个浮点数表示踩油门（加速）和踩刹车（减速）动作，这样就可以用二维的有界空间来表示动作。这意味着对于动作空间，我们可以定义为：

```
action_space = gym.spaces.Discrete(NUM_DISCRETE_ACTIONS)
```

你可以看到，NUM_DISCRETE_ACTIONS 等于不同可选动作的数量。

然后我们会用二维有界空间来离散化空间，并作为离散动作空间展示给智能体。为了保证在车辆正常运行的前提下最小化动作的数量，我们使用表 7-3 中的动作。

表 7-3

动作索引	动作描述	动作数组值
0	滑行	[0.0,0.0]
1	左转	[0.0,−0.5]
2	右转	[0.0,0.5]
3	前进	[1.0,0.0]
4	踩刹车	[−0.5,0]
5	左转加速	[1.0, −0.5]
6	右转加速	[1.0,0.5]
7	左转减速	[−0.5, −0.5]
8	右转减速	[−0.5,0.5]

现在，让我们在 carla_env 实现脚本中用 DISCRETE_ACTIONS 字典来定义前面的离散动作集：

```
DISCRETE_ACTIONS = {
    0: [0.0, 0.0],    # Coast
    1: [0.0, -0.5],   # Turn Left
```

```
    2: [0.0, 0.5],     # Turn Right
    3: [1.0, 0.0],     # Forward
    4: [-0.5, 0.0],    # Brake
    5: [1.0, -0.5],    # Bear Left & accelerate
    6: [1.0, 0.5],     # Bear Right & accelerate
    7: [-0.5, -0.5],   # Bear Left & decelerate
    8: [-0.5, 0.5],    # Bear Right & decelerate
}
```

（3）将动作送至 CARLA 模拟服务器。我们现在已经定义了 CARLA Gym 环境中的动作空间，之后可以探究如何将连续或离散动作转化为 CARLA 模拟服务器可接收的值。

因为在连续和离散空间中都使用同样的二维有界动作空间，所以用下面的代码简单地将动作转换为方向盘、踩油门和踩刹车命令：

```
throttle = float(np.clip(action[0], 0, 1)
brake = float(np.abs(np.clip(action[0], -1, 0))
steer = float(np.clip(action[1], -1, 1)
hand_brake = False
reverse = False
```

可以看到，action[0]表示踩油门和踩刹车，action[1]表示方向盘角度。

我们会用 CARLA PythonClient 库中的 CarlaClient 类实现来处理和 CARLA 服务器间的通信。如果你想弄明白如何用协议缓冲区处理和服务器间的通信，那么可以在 ch7/carla-gym/carla_gym/envs/carla/client.py 中查看 CarlaClient 类的实现。

为了实现 CARLA 环境的奖励函数，请输入以下代码：

```
def calculate_reward(self, current_measurement):
    """
    Calculate the reward based on the effect of the action taken using
the previous and the current measurements
    :param current_measurement: The measurement obtained from the Carla
engine after executing the current action
    :return: The scalar reward
    """
    reward = 0.0

    cur_dist = current_measurement["distance_to_goal"]

    prev_dist = self.prev_measurement["distance_to_goal"]

    if env.config["verbose"]:
        print("Cur dist {}, prev dist {}".format(cur_dist, prev_dist))

    # Distance travelled toward the goal in m
    reward += np.clip(prev_dist - cur_dist, -10.0, 10.0)
```

```
        # Change in speed (km/hr)
        reward += 0.05 * (current_measurement["forward_speed"] -
self.prev_measurement["forward_speed"])

        # New collision damage
        reward -= .00002 * (
            current_measurement["collision_vehicles"] +
current_measurement["collision_pedestrians"] +
            current_measurement["collision_other"] -
self.prev_measurement["collision_vehicles"] -
            self.prev_measurement["collision_pedestrians"] -
self.prev_measurement["collision_other"])

        # New sidewalk intersection
        reward -= 2 * (
            current_measurement["intersection_offroad"] -
self.prev_measurement["intersection_offroad"])

        # New opposite lane intersection
        reward -= 2 * (
            current_measurement["intersection_otherlane"] -
self.prev_measurement["intersection_otherlane"])

        return reward
```

3. 确定 CARLA 环境回合的结束

我们已经实现了 meta hod 以计算奖励并定义许可的动作、观测结果和自定义 CARLA 环境中的 reset 方法。根据自定义 Gym 环境创建模板，那些方法是创建自定义环境与 OpenAI Gym 接口兼容所需的。

即便如此，在让智能体继续和环境交互前，我们还有一件事要处理。还记得在第 5 章中，对于过山车问题，环境总是在 200 步后重置吗？又如，在车杆平衡问题环境中，当杆落到一个阈值下时环境会进行重置吗？抑或在 Atari 游戏中，如果智能体失去生命后环境会自动重置吗？对的，我们需要探究何时重置环境的程序，这是目前 CARLA Gym 环境实现中所缺失的。

只要满足如下条件中的任意一个，就会让 CARLA Gym 环境重置。

（1）自动驾驶车辆撞上其他车辆、行人、建筑或者其他路边设施，即行驶失败（和 Atari 游戏中丧失生命一样）。

（2）自动驾驶车辆到达终点或者完成目标。

（3）超时（如在过山车 Gym 环境中的 200 步限制）。

我们可以用这些条件来制订一个确定回合运行结束的标准。下面是确定 .step(...) 会返回的 done 值的伪代码（可在本书代码库 ch7/carla-gym/carla_gym/envs/ 中找到完整代码）：

```
# 1. Check if a collision has occurred
m = measurements_from_carla_server
collided = m["collision_vehicles"] > 0 or m["collision_pedestrians"] > 0 or
m["collision_other"] > 0

# 2. Check if the ego/host car has reached the destination/goal
planner = carla_planner
goal_reached = planner["next_command"] == "REACHED_GOAL"

# 3. Check if the time-limit has been exceeded
time_limit = scenario_max_steps_config
time_limit_exceeded = num_steps > time_limit

# Set "done" to True if either of the above 3 criteria becomes true
done = collided or goal_reached or time_limit_exceeded
```

我们已经基于 CARLA 完成了自定义 Gym 兼容环境所需组件的创建工作，接下来要会对这个环境进行测试并查看其运行情况。

7.2.4　测试 CARLA Gym 环境

为便于测试环境的基础实现，我们实现了一个简单的 main() 程序，把环境作为一个脚本来运行。这会让我们了解基本接口是否已正确设置，以及环境的实际运行究竟如何！

carla_env.py 文件的主程序如下所示。这个文件创建了一个默认 CarlaEnv 的实例并以固定前进动作运行了 5 个回合。在初始化阶段创建的 ENV_CONFIG 动作可以更改为离散或连续动作空间，如下所示：

```
if __name__ == "__main__":
    for _ in range(5):
        env = CarlaEnv()
        obs = env.reset()
        done = False
        t = 0
        total_reward = 0.0
        while not done:
            t += 1
            if ENV_CONFIG["discrete_actions"]:
```

```
            obs, reward, done, info = env.step(3) # Go Forward
        else:
            obs, reward, done, info = env.step([1.0, 0.0]) # Full
throttle, zero steering angle
        total_reward += reward
        print("step#:", t, "reward:", round(reward, 4),
"total_reward:", round(total_reward, 4), "done:", done)
```

现在，继续来看我们刚刚创建的环境！记住，CARLA 需要有 GPU 的支持才能运行得更顺畅，而且系统中的系统环境变量 CARLA_SERVER 应该被定义指向 CarlaUE4.sh 文件。准备就绪后，你可以在 rl_gym_book conda 环境中运行下面的命令来测试环境：

(rl_gym_book) praveen@ubuntu:~/rl_gym_book/ch7$ python Carla-gym/carla_gym/envs/carla_env.py

上面的命令应该打开一个小的 CARLA 模拟器窗口并用 carla_env.py 脚本为场景配置初始化车辆，如图 7-3 和图 7-4 所示。

图 7-3

图 7-4

可以看到，默认的车辆设计为向前行驶。注意，carla_env.py 脚本同样会在控制台输出当前的瞬时奖励、总奖励和 done 的值（True 或 False），这些对于测试环境都很有帮助。当车辆开始向前行驶时，你应该能看到奖励在增长！

控制台输出如图 7-5 所示。

现在可以看到 CARLA Gym 环境在工作了！你可以用 ch7/Carla-gym/carla_gym/envs/scenarios.json 文件中的定义创建一系列不同的驾驶场景。可以在注册后使用 gym.make(...) 命令为每个场景创建新的自定义 CARLA 环境，例如，gym.make("Carla-v0")。

本书代码库中的代码已使用本章前面提到的方法处理好了环境在 OpenAI Gym 注册处的注册。现在你可以用 OpenAI Gym 创建一个自定义环境实例。

```
praveen@ubuntu: ~/rl_gym_book/ch7
(rl_gym_book) praveen@ubuntu:~/rl_gym_book/ch7$ python carla-gym/carla_gym/envs/
carla_env.py
Initializing new Carla server...
Start pos 36 ([0.0, 3.0]), end 40 ([0.0, 3.0])
Starting new episode...
step#: 1 reward: -0.0 total_reward: -0.0 done: False
step#: 2 reward: -0.0 total_reward: -0.0 done: False
step#: 3 reward: -0.0 total_reward: -0.0 done: False
step#: 4 reward: -0.0 total_reward: -0.0 done: False
step#: 5 reward: -0.0 total_reward: -0.0 done: False
step#: 6 reward: -0.0007 total_reward: -0.0007 done: False
step#: 7 reward: 0.0006 total_reward: -0.0001 done: False
step#: 8 reward: 0.0001 total_reward: 0.0001 done: False
step#: 9 reward: 0.0 total_reward: 0.0001 done: False
step#: 10 reward: -0.0 total_reward: 0.0001 done: False
step#: 11 reward: -0.0 total_reward: 0.0 done: False
step#: 12 reward: -0.0 total_reward: 0.0 done: False
step#: 13 reward: -0.0 total_reward: 0.0 done: False
step#: 14 reward: -0.0 total_reward: 0.0 done: False
step#: 15 reward: -0.0 total_reward: 0.0 done: False
step#: 16 reward: -0.0 total_reward: 0.0 done: False
step#: 17 reward: -0.0 total_reward: 0.0 done: False
step#: 18 reward: -0.0 total_reward: 0.0 done: False
step#: 19 reward: -0.0 total_reward: 0.0 done: False
step#: 20 reward: -0.0 total_reward: 0.0 done: False
step#: 21 reward: -0.0 total_reward: 0.0 done: False
step#: 22 reward: -0.0 total_reward: 0.0 done: False
step#: 23 reward: -0.0 total_reward: 0.0 done: False
step#: 24 reward: -0.0 total_reward: 0.0 done: False
step#: 25 reward: -0.0 total_reward: 0.0 done: False
step#: 26 reward: 0.0231 total_reward: 0.0231 done: False
step#: 27 reward: 0.0624 total_reward: 0.0855 done: False
step#: 28 reward: 0.0559 total_reward: 0.1414 done: False
step#: 29 reward: 0.0511 total_reward: 0.1925 done: False
step#: 30 reward: 0.0467 total_reward: 0.2391 done: False
```

图 7-5

图 7-6 展示了可以测试自定义 Gym 环境的 Python 命令。

```
praveen@ubuntu: ~/rl_gym_book/ch7/carla-gym
(rl_gym_book) praveen@ubuntu:~/rl_gym_book/ch7/carla-gym$ python
Python 3.5.5 |Anaconda, Inc.| (default, Apr 26 2018, 13:47:34)
[GCC 7.2.0] on linux
Type "help", "copyright", "credits" or "license" for more information.
>>> import gym
>>> import carla_gym
>>> env = gym.make("Carla-v0")
>>> obs = env.reset()
Initializing new Carla server...
Start pos 36 ([0.0, 3.0]), end 40 ([0.0, 3.0])
Starting new episode...
```

图 7-6

就是这样！剩余的部分和任意其他 Gym 环境相似。

7.3　小结

在本章中，我们从一个只包含智能体所需的必要接口的 OpenAI Gym 环境的基础结构开始，逐步实现了一个自定义的 Gym 环境。我们探究了如何在 Gym 注册处注册一个自定义环境实现，并能够用熟悉的 `gym.make(ENV_NAME)` 命令来创建一个现有环境的实例。随后我们了解了如何基于开源驾驶模拟器为 UnrealEngine 创建一个 Gym 兼容环境，快速完成了安装和运行 CARLA 的步骤，并开始实现 `CarlaEnv` 类，细致地处理了所有 OpenAI Gym 兼容自定义环境实现的重要细节。

在第 8 章中，我们会从头开始构建一个先进的智能体，最终使用在本章创建的 CARLA 来训练一个可以自己学会驾驶的智能体！

第 8 章　用深度演员-评论家算法实现无人驾驶智能体

在第 6 章中，我们用深度 Q-Learning 实现了最优控制智能体，解决了那些涉及离散动作和需要做出离散决策的问题，看到了如何训练它们像人类一样玩 Atari 游戏：关注游戏屏幕的同时按下游戏板/操作柄上的按钮。当可能的决策或动作是有限的，特别是很少时，我们可以用刚刚提到的智能体在给定选项中做出最好的选择、决策或采取动作。一个可以在离散动作中做出最佳选择的智能体，有助于我们解决很多真实环境中的问题。我们在第 6 章中已经看到了这样一些例子。

在真实环境中，有一些问题需要较低等级的控制操作，这些操作动作是关于连续值的而不是离散值的。例如一个智能温度控制系统或一个恒温器需要对内部控制电路做出合适的调控来保证房间处于特定的温度。控制动作信号可能包含连续的实数（如 1.456）来控制**供热、通风和空调**（HVAC）系统。再来思考另一个场景：我们想开发一个能自主驾驶汽车的智能体。人类驾驶员通过控制变速器、加速器或刹车板和方向盘来操控汽车。目前变速器可能有 5 挡或者 6 挡，具体取决于车辆的传动系统。如果一个智能体要控制全部的动作，那么它必须能够处理节流阀（油门）、制动（刹车）和方向控制相关的连续实数值。

在刚刚提到的例子中，我们需要智能体做出连续的动作。这时候可以用基于策略梯度（policy gradient）的演员-评论家（actor-critic）方法来直接学习和更新智能体策略空间中的策略。这和我们在第 6 章中所用的通过状态或动作-值函数有所区别。在本章中，我们会从最基础的演员-评论家算法开始，逐渐构建智能体，也会在 OpenAI Gym 环境中训练它以解决一些经典的控制问题，最终让智能体学会在 CARLA 中驾驶汽车。这个过程就会用到在前面章节中实现的自定义 Gym 接口。

8.1　深度 n 步优势演员-评论家算法

在基于 Q-Learner 的智能体实现中，我们用了一个深度卷积神经网络函数逼近器来表示动作-值函数，然后让智能体以状态-值函数作为参考来构建基于值函数的策略。在本书的实现中会用 ε-贪婪算法。我们知道智能体最终必须明白，在一个给定的观测结果/状态下，哪些动作是不错的选择。我们也许会好奇为什么要先进行参数化或者估计一个状态-值函数，在此之上再产生策略呢？难道不可以直接执行参数化策略吗？可以！这就是我们即将介绍的策略梯度方法。

接下来，我们会简要介绍基于策略梯度的学习方法，然后将基于值和策略的两种学习方法合并成演员-评论家算法，最后介绍一些学习能力有所提升的演员-评论家算法的后续版本。

8.1.1　策略梯度

在基于策略梯度的方法中，策略是用带有参数 θ 的神经网络表示的。我们的目标是寻找最好的参数集 θ——可以把这当作一个通过最优化策略的目标来获得最优策略的优化问题来处理。但是，智能体的策略目标是什么呢？我们知道，为了完成任务或者达到目标，智能体应该努力实现奖励最大化。如果我们可以列出目标函数，就可以用优化方法来找到给定任务的最佳策略了。

确定了状态-值函数 $V^{\pi_\theta}(s)$，我们就能知道从一个状态 s 和策略 π_θ 开始到整个回合的结束，会有怎样的返回结果而知道在状态 s 下所处的形势如何。理想情况下，好的策略会在初始状态有更高的值。这意味着，智能体使用这个策略 π_θ 能够从同样的初始状态开始做出决策，直到完成一个回合并获得更高的期望/均值/平均值。初始状态的值越高，意味着智能体采用这个策略能够获得更高的长线奖励。所以，在回合环境（episodic environment）中，环境是有明确的结束状态的，环境会周期性重置或因触发某一条件而自动结束。这样我们可以评估一个策略在一个初始状态上的表现。目标函数的数学表示如下：

$$J_{\text{start}}(\theta) = V^{\pi_\theta}(s_1) = E_{\pi_\theta}[v_1]$$

但如果环境不会结束，且是那种永远也不会有结束状态的环境呢？在这种环境中，我们可以通过对智能体经历过的状态求平均值来评估策略。目标函数平均值的数学表示如下：

$$J_{\text{avg}V}(\theta) = \sum_s d^{\pi_\theta}(s) V^{\pi_\theta}(s)$$

其中，给定策略 π_θ 下状态 s 被访问的概率；$d^{\pi_\theta}(s)$ 是 π_θ 对应的马尔可夫链的平稳分布（stationary distribution）。

我们也可以用环境中单步可获得的平均奖励来评估这个策略：

$$J_{\mathrm{avg}R}(\theta) = \sum_s d^{\pi_\theta}(s) \sum_a \pi_\theta(s,a) R_s^a$$

从本质上来说，这就是智能体可以依据策略 π_θ 获得奖励的期望，可以简写为：

$$J(\theta) = E_{\pi_\theta}[R_s^a]$$

为了能用梯度下降算法来优化这个策略的目标函数，我们需要对 θ 求导、计算梯度、反向传播并执行梯度下降步骤。从前面的公式中，我们可以整合出：

$$J(\theta) = E_{\pi_\theta}[R_s^a] = \sum_s d^{\pi_\theta}(s) \sum_a \pi_\theta(s,a) R_s^a$$

对前面关于 θ 的公式进行展开以求偏导再简化。根据下面的公式，从左到右逐步理解这个策略直到获得结果。

$$\nabla \partial_\theta J(\theta) = \nabla_\theta E_{\pi_\theta}[R_s^a] = \sum_s d^{\pi_\theta} \sum_a \underbrace{\nabla_\theta \pi_\theta(s,a)}_{\text{策略梯度}} R_s^a =$$

$$\sum_s d^{\pi_\theta} \sum_a \pi_\theta(s,a) \underbrace{\underbrace{\nabla_\theta \log(\pi_\theta(s,a))}_{\text{评分函数}} R_s^a}_{\text{似然比技巧}} = E_{\pi_\theta(s,a)}\left[\nabla_\theta \log(\pi_\theta(s,a) R_s^a)\right]$$

为了理解这些公式并了解为什么策略梯度 $\nabla_\theta \pi_\theta(s,a)$ 等价于似然比 $\pi_\theta \nabla_\theta \log(\pi_\theta(s,a))$，我们不妨回顾一下目标。我们需要为策略找到最优参数集 θ，然后让智能体使用这个策略获得最大化的期望奖励（即平均奖励的均值）。为此，我们先从一组参数开始尝试，并不断更新参数直到获得最优参数集。为了明确策略参数在参数空间中的哪个方向上被更新了，我们用 θ 对应的策略 π_θ 的梯度进行指向。转到上式中的第二项 $\nabla_\theta E_{\pi_\theta(s,a)} R_s^a$（第一个项 $\nabla_\theta J(\theta)$ 的结果）：$\nabla_\theta E_{\pi_\theta(s,a)} R_s^a$ 是在状态 s 下策略 π_θ 采取动作 a 所获得奖励的期望值的梯度。依据期望的定义，可以写作：

$$\sum_s d^{\pi_\theta} \sum_a \nabla_\theta \pi_\theta(s,a) R_s^a$$

我们接下来会介绍似然比技巧，它可以在类似情况下将这个式子转化为一个易于计算的形式。

1. 似然比技巧

假设以 π_θ 表示的策略是一个非零的可微分函数，但是对以 θ 为参数的策略梯度

$\nabla_\theta \pi_\theta(s,a)$ 进行计算可能并不简单。我们可以在两端同乘和同除策略 $\pi_\theta(s,a)$，得到下列公式：

$$\nabla_\theta \pi_\theta(s,a) = \pi_\theta(s,a)\frac{\nabla_\theta \pi_\theta(s,a)}{\pi_\theta(s,a)}$$

由微积分知识我们知道，一个函数的对数梯度等于函数的梯度除以自身，可以用下列数学公式来表示：

$$\nabla_x \log f(x) = \frac{\nabla_x f(x)}{f(x)}$$

所以，我们可以将策略在其参数上的梯度用下列式子表示：

$$\pi_\theta(s,a)\frac{\nabla_\theta \pi_\theta(s,a)}{\pi_\theta(s,a)} = \pi_\theta(s,a)\underbrace{\nabla_\theta \log(\pi_\theta(s,a))}_{\text{评分函数}}$$

这个方法在机器学习中叫作似然比技巧（likelihood ratio trick）或者对数微分技巧（log derivative trick）。

2.　策略梯度定理

因为策略 $\pi_\theta(s,a)$ 是一个描述在给定状态和参数 θ 的条件下关于动作的概率分布函数，所以两个在状态和动作上的求和项可以解释为在分布 π_θ 上经过奖励 R_s^a 规范化的评分函数。这在数学上等价于：

$$\sum_s d^{\pi_\theta} \sum_a \underbrace{\nabla_\theta \log(\pi_\theta(s,a))\pi_\theta(s,a)}_{\substack{\text{评分函数}\\\text{似然比技巧}}} R_s^a = E_{\pi_\theta(s,a)}[\nabla_\theta \log(\pi_\theta(s,a))R_s^a]$$

其中，R_s^a 是在状态 s 下采取动作 a 的单步奖励。

策略梯度定理通过使用长线动作值 $Q^{\pi_\theta(s,a)}$ 取代瞬时单步奖励 R_s^a 将该方法进一步推广，可以写成：

$$\nabla_\theta J(\theta) = E_{\pi_\theta}[\nabla_\theta \log \pi_\theta(s,a)]Q^{\pi_\theta}(s,a)$$

这是一个非常有用的式子，也是很多策略梯度方法变体的源头。

理解了策略梯度，我们接下来介绍演员-评论家算法及其变体。

8.1.2　演员-评论家算法

让我们从图 8-1 所示的演员-评论家结构图开始。

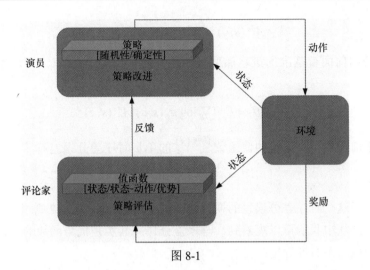

图 8-1

从算法的名字和图 8-1 中我们可以很直观地发现,演员-评论家算法有两个"组件"。演员负责在环境中做出动作,包括在给定环境的观测结果后根据智能体的策略执行动作。也就是说,演员可以视为策略的持有者/创造者。评论家负责评估状态-值或者状态-动作-值,抑或优势-值函数(取决于具体选取了哪种演员-评论家算法)。这里考虑的是评论家试图评估动作-值函数 $Q^{\pi_\theta}(s,a)$ 的情况。如果我们用一个参数集 w 来表示评论家参数,那么评论家的估计可以写作:

$$Q_w(s,a) \approx Q^{\pi_\theta}(s,a)$$

用评论家的动作-值函数估计(8.1.1 节最后一个等式)取代真实的动作-值函数会得到一个近似的策略梯度,如下所示:

$$\nabla_\theta J(\theta) \approx E_{\pi_\theta}[\nabla_\theta \log \pi_\theta(s,a)]Q_w(s,a)$$

实践中,我们进一步用随机梯度下降(或者梯度上升)来近似期望。

8.1.3 优势演员-评论家算法

采用动作-值函数的演员-评论家算法依然有很高的方差,我们可以通过从策略梯度中减去一个基准函数 $B(s)$ 来降低方差。一个好的基准函数是状态-值函数 $V^\pi(s)$。有了状态-值函数作为基准,我们可以将策略梯度定理重写为下列式子:

$$\nabla_\theta J(\theta) = E_{\pi_\theta}[\nabla_\theta \log \pi_\theta(s,a)]Q^{\pi_\theta}(s,a) = E[\nabla_\theta \log \pi_\theta(s,a)](Q^{\pi_\theta}(s,a) - V^{\pi_\theta}(s))$$

我们可以定义优势函数 $A^{\pi_\theta}(s,a)$ 为下列式子:

$$A^{\pi_\theta}(s,a) = Q^{\pi_\theta}(s,a) - V^{\pi_\theta}(s)$$

当我们使用前面带基准的策略梯度时，这个式子会转化为演员-评论家策略梯度的优势。

$$\nabla_\theta J(\theta) = E_{\pi_\theta}[\nabla_\theta \log \pi_\theta(s,a)] A^{\pi_\theta}(s,a)$$

回忆一下前面章节中给出的值函数 $V^{\pi_\theta}(s)$ 的单步时序差分误差：

$$\delta^{\pi_\theta} = r + \gamma V^{\pi_\theta}(s') - V^{\pi_\theta}(s)$$

如果计算了这个时序差分误差的期望值，就会得到一个像第 2 章中关于定义动作-值函数的式子。从中我们可以观察到，时序差分误差其实是优势函数的无偏估计，可以从下面式子中从左至右推导出：

$$E_{\pi_\theta}[\delta^{\pi_\theta} \mid s,a] = \underbrace{E_{\pi_\theta}[r + \gamma V^{\pi_\theta}(s')]}_{\text{动作-值函数}} - V^{\pi_\theta}(s) = \underbrace{Q^{\pi_\theta}(s,a) - V^{\pi_\theta}(s)}_{\text{优势函数}} = A^{\pi_\theta(s,a)}$$

得到这个结果和本章前面小节的公式后，我们便有了足以实现智能体的理论支撑！在开始编写代码前，我们先来了解一下算法的流程，以对它有清晰的认识。

最简单（普通/vanilla）形式的优势演员-评论家算法涉及下面的步骤。

（1）初始化（随机）策略和值函数估计。

（2）对于观测结果/状态 s_t，执行一个由当前策略 $\pi_t(s,a)$ 选择的动作 a_t。

（3）基于第（2）步选择的状态 s_{t+1} 和用一步时序差分学习公式获得的奖励 r_t，计算时序差分误差：

$$\delta_t = \underbrace{r_t + \gamma V_t(s_{t+1})}_{\text{时序差分目标}} - V_t(s_t)$$

（4）基于时序差分误差更新演员关于状态 s_t 的动作概率。

- 如果 $\delta_t > 0$，则增大选取动作 a_t 的概率，因为 a_t 是一个好的选择而且效果良好。
- 如果 $\delta_t < 0$，则减小选取动作 a_t 的概率，因为 a_t 导致智能体表现不佳。

（5）用时序差分误差更新评论家关于 s_t 的估计值：$V_t(s_t) = V_t(s_t) + \alpha \delta_t$，其中 α 是评论家的学习率。

（6）将下一个状态 s_{t+1} 更新为当前状态 s_t，重复第（2）步。

8.1.4　n 步优势演员-评论家算法

在 8.1.3 节中，我们介绍了实现算法所要涉及的步骤，如第（3）步所示，我们必须根据单步返回（时序差分目标）计算时序差分误差。这看起来是让智能体在环境中进行一次选择，然后根据结果计算评论家估计中的误差从而更新智能体的策略。这听起来简单明了，对吧？那么，还有更好的方法来学习和更新策略吗？你可能已经从本节的标题中猜出来了，我们的思路是使用 n 步返回的结果，也就是会使用比单步返回更多的信息来学习和更新策略。n 步时序差分学习可以看作相比演员-评论家算法中的单步返回算法更基础的算法。单步返回可以被视为 n 步返回算法当 $n=1$ 时的特例。让我们用示例来很快地理解 n 步返回算法并用 Python 为智能体进行实现。

1. n 步返回

n 步返回是一个简单但非常有用的概念，不仅适用于优势演员-评论家算法，还可以让很多强化学习算法具备更好的性能。例如，57 个 Atari 中的游戏通过 n 步返回获得了最佳性能，并且显著优于次优算法。

让我们先来直观感受一下 n 步返回的过程，用图 8-2 来阐述环境中的一步。假设智能体在 t_1 时刻的状态 s_1 下决定采取动作 a_1，并导致 t_2 时刻在环境中转移到了状态 s_2 且获得了奖励 r_1。

图 8-2

我们可以用下面的公式计算单步时序差分返回：

$$G_{t=1}^{(n=1)} = r_1 + \gamma V_t(s_2)$$

其中，$V_t(s_2)$ 是根据值函数（评论家）对状态 s_2 的估计值。本质上，智能体会采取一个动作并对下一个状态进行评估，应对其乘以衰减系数，然后结合收到的奖励值进行综合计算并返回结果。

如果我们让智能体继续和环境多进行几步交互，那么智能体的轨迹可以用图 8-3 所示形状来简单地表示。

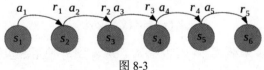

图 8-3

图 8-3 展示了智能体和环境间的 5 步交互。和之前的单步返回计算相似，我们可以用下面的公式来计算 5 步返回：

$$G_{t=1}^{(n=5)} = r_1 + \gamma r_2 + \gamma^2 r_3 + \gamma^3 r_4 + \gamma^4 r_5 + \gamma^5 V_t(s_6)$$

我们可以把上述操作作为优势演员-评论家算法的第（3）步中的时序差分目标来优化智能体的性能。

> **TIP**
>
> 你可以在任意 Gym 环境中运行 ch8/a2c_agent.py 脚本，并在 parameters.json 文件中设置1（单步返回）、5 或 10（n 步返回）来比较在优势演员-评论家算法中使用单步返回和 n 步返回的区别。
>
> 例如，可以设置 learning_step_thresh=1，并运行 (rl_gym_book)praveen@ubuntu:~/HOIAWOG/ch8$python a2c_agent.py--env Pendulum-v0。
>
> 你还可以执行以下命令来使用 Tensorboard 监视其性能：(rl_gym_book)praveen@ubuntu:~/HOIAWOG/ch8/logs$tensorboard --logdir=.，然后在运行很多步以后可以再将参数设置为 learning_step_thresh=10 进行比较。注意，训练好的智能体模型会保存到~/HOIAWOG/ch8/trained_models/A2_Pendulum-v0.ptm 中。你可以对其重命名或者在重新从头开始训练前移动到其他路径。

为了让这个概念更易于理解，我们具体讨论一下如何在优势演员-评论家算法的第（3）步中使用上述方法。首先用 n 步返回作为时序差分目标，并用下列公式计算时序差分误差：

$$\delta_t = \underbrace{G_{t=1}^{(n=5)}}_{\text{时序差分目标}} - V_t(s_t) = \underbrace{r_1 + \gamma r_2 + \gamma^2 r_3 + \gamma^3 r_4 + \gamma^4 r_5 + \gamma^5 V_t(s_6)}_{\text{时序差分目标}} + V_t(s_t)$$

然后依照 8.1.3 节中的第（4）步来更新评论家。在第（5）步中，我们用下面的更新方法来更新评论家：

$$V_t(s_1) = V_t(s_t) + \alpha \delta_t$$

之后转入第（6）步来继续下一个状态 s_2，从 s_2 到 s_7 使用 5 步转移并计算 5 步返回，再重复更新 $V_t(s_2)$ 的值。

2.　实现 n 步返回计算

如果我们停下来分析发生了什么，就会发现可能并没有完全利用 5 步轨迹。对于从 s_1 开始的智能体 5 步轨迹中，我们只在最后学习到了一点新信息，这只对 s_1 和更新 $V_t(s_1)$ 有关。我们可以用 5 步轨迹来计算出现在轨迹中的每个状态值从而使学习过程更高效，其中每个状态的 n 值由相对于终点的距离来决定。例如，在图 8-4 所示的一个简化的轨迹表示中，如果我们用一个向前包含的气泡来考虑状态 s_5，那么可以用气泡中的信息来提取状态 s_5 的时序差分学习目标。在这个例子中，因为从 s_5 开始只有一步信息可被获取，所以我们只计算一步返回，如下列公式所示：

$$G_{t=5}^{(n=1)} = r_5 + \gamma V_t(s_6)$$

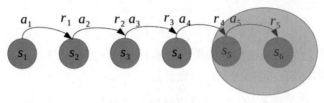

图 8-4

如前面所讨论的，我们可以用这个时序差目标值来计算时序差分误差，然后再更新演员和 $V_t(s_5)$，而不仅更新 $V_t(s_1)$。我们现在让智能体又学到了一点新的信息。

如果用同样的想法来考虑状态 s_4，那么向前的气泡会封闭图 8-5 所示的区域。

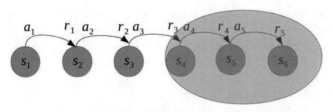

图 8-5

我们可以用这个气泡中的信息来提取 s_4 的时序差分目标，这样可以有两种关于 s_4 的信息，所以可以用下面的式子计算 2 步返回：

$$G_{t=4}^{(n=2)} = r_4 + \gamma r_5 + \gamma^2 V_t(s_6)$$

如果仔细观察这个公式和前面的公式，我们可以看到 $G_{t=4}^{(n=2)}$ 和 $G_{t=5}^{(n=1)}$ 的关系，可用下面的等式来表示：

$$G_{t=4}^{(n=2)} = r_4 + \gamma r_5 + \gamma^2 V_t(s_6) = r_4 + \gamma \underbrace{(r_5 + \gamma V_t(s_6))}_{G_{t=5}^{(n=1)}} = r_4 + \gamma G_{t=5}^{(n=1)}$$

我们同样获得了新的学习信息。类似地，可以从这一轨迹中提取更多信息。从 s_3、s_2

和 s_1 中提取同样的信息，我们可以获得以下关系：

$$G_{t=3}^{(n=3)} = r_3 + \gamma r_4 + \gamma^2 r_5 + \gamma^3 V_t(s_6) = r_3 + \gamma \underbrace{(r_4 + \gamma(r_5 + \gamma V_t(s_6)))}_{G_{t=4}^{(n=2)}} = r_3 + \gamma G_{t=4}^{(n=2)}$$

类似地，我们可以观察到：

$$G_{t=2}^{(n=4)} = r_2 + \gamma G_{t=3}^{(n=3)}$$

最后，我们可以观察到下列式子：

$$G_{t=1}^{(n=5)} = r_1 + \gamma G_{t=2}^{(n=4)}$$

　　简而言之，我们可以从轨迹中的最后一步开始，计算从轨迹终点开始的 n 步返回值，然后基于刚获得的结果，退回上一步继续计算。

　　这个实现是直接而简单的，所以自己尝试实现是最明智的做法。这里我们给出了参考代码：

```python
def calculate_n_step_return(self, n_step_rewards, final_state, done,gamma):
    """
    Calculates the n-step return for each state in the input-
trajectory/n_step_transitions
    :param n_step_rewards: List of rewards for each step
    :param final_state: Final state in this n_step_transition/trajectory
    :param done: True rf the final state is a terminal state if not, False
    :return: The n-step return for each state in the n_step_transitions
    """
    g_t_n_s = list()
    with torch.no_grad():
        g_t_n = torch.tensor([[0]]).float() if done else
self.critic(self.preproc_obs(final_state)).cpu()
        for r_t in n_step_rewards[::-1]: # Reverse order; From r_tpn to r_t
            g_t_n = torch.tensor(r_t).float() + self.gamma * g_t_n
            g_t_n_s.insert(0, g_t_n) # n-step returns inserted to the
left to maintain correct index order
        return g_t_n_s
```

8.1.5　深度 n 步优势演员-评论家算法

　　我们观察到，演员-评论家算法组合了基于值的方法和基于策略的方法。评论家估计值函数，同时演员遵循策略。我们主要关注如何更新演员和评论家。从前面第 6 章中获得的经验来说，我们会自然而然地想到用神经网络来估计值函数和评论家，同样可以用

参数为 θ 的神经网络来表示策略 π_θ。用深度神经网络来估计演员和评论家是深度演员-评论家算法中的本质思想。

8.2　实现深度 n 步优势演员-评论家智能体

目前我们已经介绍了实现深度 n 步优势演员-评论家智能体的所有背景知识,先总结一下智能体的实现流程,然后开始动手实现。

优势演员-评论家智能体的大致流程如下。

(1)初始化演员和评论家的网络。

(2)用演员当前的策略从环境中获得 n 步经验,然后计算 n 步返回。

(3)计算演员和评论家的损失。

(4)用随机梯度下降优化方法更新演员和评论家的参数。

(5)重复第(2)～(4)步。

我们会在名为 `DeepActorCriticAgent` 的 **Python** 类中实现智能体。你会在第 8 章的代码库 `ch8/a2c_agent.py` 中找到完整的实现代码。我们会使这个实现足够灵活,以便能在其基础上延伸出新的版本,最后会实现 n 步优势演员-评论家智能体。

8.2.1　初始化演员和评论家网络

`DeepActorCriticAgent` 类的初始化很简单。我们先来快速浏览并了解如何定义和初始化演员和评论家网络。

智能体的初始化函数如下所示:

```
class DeepActorCriticAgent(mp.Process):
    def __init__(self, id, env_name, agent_params):
        """
        An Advantage Actor-Critic Agent that uses a Deep Neural Network to
represent it's Policy and the Value function
        :param id: An integer ID to identify the agent in case there are
multiple agent instances
        :param env_name: Name/ID of the environment
        :param agent_params: Parameters to be used by the agent
        """
        super(DeepActorCriticAgent, self).__init__()
```

```
        self.id = id
        self.actor_name = "actor" + str(self.id)
        self.env_name = env_name
        self.params = agent_params
        self.policy = self.multi_variate_gaussian_policy
        self.gamma = self.params['gamma']
        self.trajectory = [] # Contains the trajectory of the agent as a
sequence of Transitions
        self.rewards = [] # Contains the rewards obtained from the env at
every step
        self.global_step_num = 0
        self.best_mean_reward = - float("inf") # Agent's personal best mean
episode reward
        self.best_reward = - float("inf")
        self.saved_params = False # Whether or not the params have been
saved along with the model to model_dir
        self.continuous_action_space = True #Assumption by default unless
env.action_space is Discrete
```

你可能会好奇为什么 agent 类是继承自 multiprocessing.Process 类的。虽然第一个智能体实现只会在一个进程中运行一个智能体，但后续我们可以用这个灵活的接口同时运行多个智能体来加速学习进程。

让我们转到用 PyTorch 操作符定义的神经网络来实现演员和评论家。延续在第 6 章中使用的相似的代码结构，我们用一个名为 function_approximator 的模块来包含基于神经网络的函数逼近器实现。你可以在本书代码库的 ch8/function_approximator 文件夹中找到完整的实现。

因为一些环境有小且离散的状态空间，如 Pendulumv0、MountainCar-v0 或 CartPole-v0，所以我们在实现深度版本的同时也会实现神经网络的浅层版本，这样就可以根据将要训练/测试的环境灵活地选择相应的神经网络。当看到演员的神经网络实现样例时，你会注意到在浅层函数逼近器模块和深层函数逼近器模块中都有 Actor 类和 DiscreteActor 类，这同样是为了适应不同需求而设置的。无论环境的动作空间是连续的还是离散的，智能体都能灵活地选择并使用最合适的神经网络来表示演员。这里有一种智能体实现需要你注意：无论浅层还是深层函数逼近器模块都有 ActorCritic 类，这是用一个神经网络体系同时表示演员和评论家。这样，演员和评论家共享特征提取层，只是在神经网络的头部（最后几层）分叉。

有时，实现的不同部分可能会让人困惑。表 8-1 列出了一个基于神经网络的演员-评论家算法实现所涉及的选项总结。

表 8-1

模块/类	描述	目的/用例
1. function_approximator. shallow	对于演员-评论家的浅层神经网络实现	有低维状态/观测结果空间的环境
1.1 function_approximator. shallow.Actor	基于高斯分布的策略表示，计算两个连续值——mu（均值）和 sigma 的前馈神经网络实现	低维状态/观测结果空间和连续动作空间
1.2 function_approximator. shallow.DiscreteActor	对动作空间中的每个动作进行对数概率（logit）计算的前馈神经网络	低维状态/观测结果空间和离散动作空间
1.3 function_approximator. shallow.Critic	处理连续值的前馈神经网络	在低维状态/观测结果空间的环境中表示评论家/值函数
1.4 function_approximator. shallow.ActorCritic	为高斯分布和连续值计算 mu（均值）和 sigma 的前馈神经网络	在低维状态/观测结果空间环境中用同一个神经网络表示演员和评论家。可以修改为离散演员-评论家网络
2. function_approximator. deep	用于演员和评论家的深度神经网络实现	有高维状态/观测结果空间的环境
2.1 function_approximator. deep.Actor	基于高斯分布的策略表示，计算 mu（均值）和 sigma 的深度卷积神经网络实现	高维状态/观测结果空间和连续动作空间
2.2 function_approximator. deep.DiscreteActor	对动作空间中的每个动作进行对数概率（logit）计算的深度卷积神经网络	高维状态/观测结果空间和离散动作空间
2.3 function_approximator. deep.Critic	处理连续值的深度卷积神经网络	在高维状态/观测结果空间的环境中表示评论家/值函数
2.4 function_approximator. deep.ActorCritic	为高斯分布和连续值计算 mu（均值）和 sigma 的深度卷积神经网络	在高维状态/观测结果空间环境中用同一个神经网络表示演员和评论家。可以修改为离散演员-评论家网络

让我们看一下 run() 方法的第一部分。在这里需要参考表 8-1，基于环境的状态和动作空间的类型，以及状态空间是低维还是高维来初始化演员和评论家网络。

```
from function_approximator.shallow import Actor as ShallowActor
from function_approximator.shallow import DiscreteActor as
```

```
ShallowDiscreteActor
from function_approximator.shallow import Critic as ShallowCritic
from function_approximator.deep import Actor as DeepActor
from function_approximator.deep import DiscreteActor as DeepDiscreteActor
from function_approximator.deep import Critic as DeepCritic


def run(self):
        self.env = gym.make(self.env_name)
        self.state_shape = self.env.observation_space.shape
        if isinstance(self.env.action_space.sample(), int): # Discrete
action space
            self.action_shape = self.env.action_space.n
            self.policy = self.discrete_policy
            self.continuous_action_space = False


        else: # Continuous action space
            self.action_shape = self.env.action_space.shape[0]
            self.policy = self.multi_variate_gaussian_policy
        self.critic_shape = 1
        if len(self.state_shape) == 3: # Screen image is the input to the agent
            if self.continuous_action_space:
                self.actor= DeepActor(self.state_shape, self.action_shape,
device).to(device)
                else: # Discrete action space
                    self.actor = DeepDiscreteActor(self.state_shape,
self.action_shape, device).to(device)
                self.critic = DeepCritic(self.state_shape, self.critic_shape,
device).to(device)
            else: # Input is a (single dimensional) vector
                if self.continuous_action_space:
                    #self.actor_critic = ShallowActorCritic(self.state_shape,
self.action_shape, 1, self.params).to(device)
                    self.actor = ShallowActor(self.state_shape,
self.action_shape, device).to(device)
                else: # Discrete action space
                    self.actor = ShallowDiscreteActor(self.state_shape,
self.action_shape, device).to(device)
                self.critic = ShallowCritic(self.state_shape,
self.critic_shape, device).to(device)
        self.actor_optimizer = torch.optim.Adam(self.actor.parameters(),
lr=self.params["learning_rate"])
        self.critic_optimizer = torch.optim.Adam(self.critic.parameters(),
lr=self.params["learning_rate"])
```

8.2.2 用当前策略获取 *n* 步经验

接下来我们首次用智能体的当前策略来收集 *n* 个转移，让智能体和环境进行基本的交互来获取新的经验，即状态转移。这通常用一个包含状态、动作、奖励和下一个状态的元组来表示，即（s_t, a_t, r_t, s_{t+1}），如图 8-6 所示。

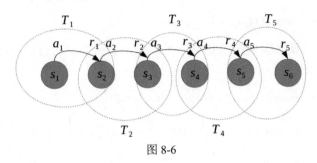

图 8-6

在图 8-6 所示的例子中，智能体会用有 5 个状态的列表[T1,T2,T3,T4,T5]来填满它的 self.trajectory。

在实现中，我们会用一个稍微修改过的转移表示来减少冗余计算。用下面的定义来表示一个转移：

```
Transition = namedtuple("Transition", ["s", "value_s", "a","log_prob_a"])
```

其中，s 是状态，value_s 是评论家对状态值的预测，a 是采取的动作，log_prob_a 是根据演员/智能体的当前策略采取动作 a 的概率对数。

基于轨迹中每一步获得的标量奖励的 n_step_rewards 列表，用前面章节实现的 calculate_n_step_return(self, n_step_rewards, final_state, done, gamma) 方法来计算 *n* 步奖励。同时，我们会用 final_state 来计算评论家对轨迹中的最终状态的估计值，就像我们在 *n* 步返回计算中讨论的一样。

8.2.3 计算演员和评论家的损失

在前面讨论的 *n* 步深度演员-评论家算法的描述中，你可能记得用一个神经网络表示评论家，并试图去解决问题，这和我们在第 6 章中表示的值函数（和本章中用到的动作-值函数相似，不过更简单一些）所要解决的问题相似。我们在这里可以使用基于评论家的预测和 *n* 步返回（时序差分目标）计算标准**均方误差**（MSE）损失或者平滑 L1 损失/Huber 损失。

对于演员，我们会用基于策略梯度定理获得的结果，具体来说是指优势演员-评论家版本，它用优势值函数来指导演员策略的梯度更新。我们用 TD_error，即优势值函数的无偏估计。

总体来说，评论家和演员的损失计算如下。

- critic_loss=MSE($G_t^{(n)}$, critic_prediction)

- actor_loss = $\log(\pi_\theta(s)[a]) \times$ TD_error

有了主要的损失计算公式，我们可以使用 calculate_loss(self,trajectory,td_targets) 方法来实现，具体如下：

```
def calculate_loss(self, trajectory, td_targets):
    """
    Calculates the critic and actor losses using the td_targets and
    self.trajectory
    :param td_targets:
    :return:
    """
    n_step_trajectory = Transition(*zip(*trajectory))
    v_s_batch = n_step_trajectory.value_s
    log_prob_a_batch = n_step_trajectory.log_prob_a
    actor_losses, critic_losses = [], []
    for td_target, critic_prediction, log_p_a in zip(td_targets,
    v_s_batch, log_prob_a_batch):
        td_err = td_target - critic_prediction
        actor_losses.append(- log_p_a * td_err) # td_err is an unbiased
    estimated of Advantage
        critic_losses.append(F.smooth_l1_loss(critic_prediction,
    td_target))
        #critic_loss.append(F.mse_loss(critic_pred, td_target))
    if self.params["use_entropy_bonus"]:
        actor_loss = torch.stack(actor_losses).mean() -
    self.action_distribution.entropy().mean()
    else:
        actor_loss = torch.stack(actor_losses).mean()
    critic_loss = torch.stack(critic_losses).mean()

    writer.add_scalar(self.actor_name + "/critic_loss", critic_loss,
    self.global_step_num)
    writer.add_scalar(self.actor_name + "/actor_loss", actor_loss,
    self.global_step_num)

    return actor_loss, critic_loss
```

8.2.4 更新演员-评论家模型

完成了演员和评论家的损失计算之后，学习过程中的下一步和最后一步是基于损失更新演员和评论家的参数。因为我们用了 PyTorch 库，所以偏微分、误差反向传播、梯度下降都可以由它自动计算。具体实现也是简单而直接地使用前面几步获得的结果，代码如下所示：

```
def learn(self, n_th_observation, done):
        td_targets = self.calculate_n_step_return(self.rewards,
n_th_observation, done, self.gamma)
        actor_loss, critic_loss = self.calculate_loss(self.trajectory, td_targets)

        self.actor_optimizer.zero_grad()
        actor_loss.backward(retain_graph=True)
        self.actor_optimizer.step()

        self.critic_optimizer.zero_grad()
        critic_loss.backward()
        self.critic_optimizer.step()

        self.trajectory.clear()
        self.rewards.clear()
```

8.2.5 用于保存/加载、记录、可视化和监视的工具

在前面的章节中，我们了解了智能体学习算法实现的主要部分。除此之外，还有一些可以用于不同环境中以训练和测试智能体的实用函数。我们会重用 utils.params_manager 以及 save( ) 和 load( ) 方法，以存储和加载已训练好的智能体的智能/模型，还会使用日志工具来记录智能体的学习进展，并结合 Tensorboard 来获得快速而优质的可视化，同时辅助调试以及发现训练过程中的问题。

有了这些操作，我们就可以完成 n 步优势演员-评论家智能体的实现！你可以在 ch8/a2c_agent.py 文件中找到完整的实现。在了解如何训练智能体之前，我们先介绍一个可以应用到深度 n 步优势智能体上并能在多核计算机上取得更好性能的扩展版本。

8.2.6 扩展——异步深度 n 步优势演员-评论家

我们能对智能体做的最简单的扩展是启动多个智能体的实例，使每个实例都有自己

的学习环境，然后以异步方式返回从环境中学习到的更新，这样它们就不需要任何的同步操作。这个算法被称为 A3C 算法，是异步优势演员-评论家（asynchronous advantage actor-critic）算法的简称。

这一扩展背后的动机之一源于在第 6 章中所用的经验回放记忆。深度 Q-Learning 智能体能够在额外的经验回放记忆的帮助下得到显著强化。这对于在序列决策问题中去除依赖性很有帮助，并能让智能体从过去的经验中提取更多的“养分”（信息）。类似地，多演员-评论家实例同时运行的思想也会打破转移间的关联，也有助于探索扩展环境中的不同状态空间——因为每个演员学习者进程都有自己的策略参数和环境实例需要探索。一旦同时运行的智能体实例要返回更新，它们就会将这些更新发送到一个共享的全局智能体实例，并作为一个新的用于其他智能体同步的参数源。

我们可以用 Python 的 PyTorch 多进程库来实现上述扩展。这就是 `DeepActorCritic` 智能体实现是继承于 `torch.multiprocessing.Process` 的原因。所以，我们不用进行太大的修改就能添加这一扩展。如果你有兴趣，可以在本书代码库的 `ch8/README.md` 文件中了解更多资源，以增进对这一扩展架构的了解。

我们可以非常容易地在 `a2c_agent.py` 中扩展 n 步优势演员-评论家智能体的代码，以实现异步深度 n 步优势演员-评论家智能体。你可以在 `ch8/async_a2c_agent.py` 中找到相关实现。

8.3 训练一个“聪明”的自动驾驶智能体

我们现在有了完成本章目标的所有必要组件，是时候用它们组成一个“聪明”的自动驾驶智能体了。接下来，我们会训练它在之前用 Gym 接口开发好的 CARLA 中学习自动驾驶。智能体的训练过程可能会花一些时间，这取决于硬件，一些简单的环境（如 `Pendulum-v0`、`CartPole-v0` 和一些 Atari 游戏）可能花费几小时，而复杂的环境（如 CARLA 驾驶环境）需要花费长达几天的时间。为了快速获得对训练过程和如何监视训练的充分理解，我们会使用一些简单的例子，以了解训练和测试智能体的整个过程。然后，我们会看到如何轻松地将智能体转到 CARLA 中，以进一步训练它。

8.3.1 训练和测试深度 n 步优势演员-评论家智能体

因为智能体实现是通用的（见表 8-1），所以我们可以用任何兼容 Gym 接口的学习环境来训练/测试智能体。你可以在前面章节提及的环境的不同变体中测试和训练智能体，请别忘记自定义的 CARLA 环境。

我们会挑选一些环境作为例子，并了解如何启动训练和测试流程来获得自己的首次尝试。首先，从本书代码库中更新代码分支（fork），然后切换目录（cd）到针对本章的 ch8 文件夹；其次，确保启动我们为本书准备的 conda 环境；最后，用下面列出的代码执行 a2c_agent.py 脚本来启动 n 步演员-评论家智能体的训练过程。

```
(rl_gym_book) praveen@ubuntu:~/HOIAWOG/ch8$ python a2c_agent --env
Pendulum-v0
```

 你可以用任何在计算机上创建的兼容 Gym 的学习环境取代 Pendulum-v0。

上述代码会启动智能体的训练脚本，使用~/HOIAWOG/ch8/parameters.json 文件中设置的默认参数（你可以修改），同时会从~/HOIAWOG/ch8/trained_models 路径下对特定环境加载已有智能体的智能/模型并继续训练。对于高维状态空间（例如 Atari 游戏），或其他状态/观测结果是屏幕的图像或者屏幕像素的环境，我们会使用深度卷积网络。同时，如果你的计算机有 GPU，那么脚本会用它来加速计算（可以用 use_cuda = False 来禁用这个设置）。如果有多个 GPU，就可以通过对脚本 a2c_agent.py 添加命令行指令参数--gpu-id 来制订特定的 GPU 用于训练/测试。

一旦训练流程启动，你可以用下列命令在 logs 路径下启动 tensorboard 来监控智能体的进程：

```
(rl_gym_book) praveen@ubuntu:~/HOIAWOG/ch8/logs$ tensorboard --logdir .
```

在使用上面的代码启动 tensorboard 之后，你可以通过浏览 http://localhost:6060 页面来监控智能体的进展。这里给出的一些样例截图，是从两个 n 步优势演员-评论家智能体的训练中获取的。区别在于步数 n 的不同，你可以通过 parameters.json 文件中的 learning_step_threshold 参数来设置演员-评论家（用各自的演员和评论家网络）。

（1）-Pendulum-v0 ;n 步(learning_step_threshold=100)，如图 8-7 所示。

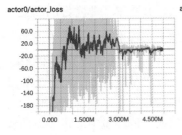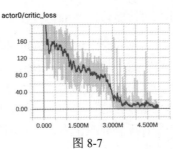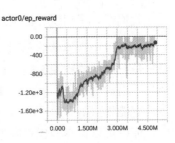

图 8-7

（2）- Pendulum-v0; n 步(learning_step_threshold = 5)，如图 8-8 所示。

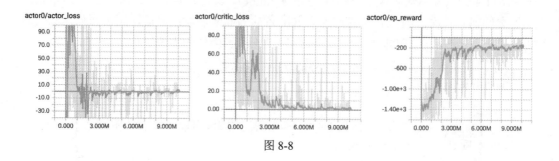

图 8-8

（3）在 Pendulum-v0 上比较 1（100 步演员–评论家）和 2（5 步演员–评论家）运行 1000 万步，如图 8-9 所示。

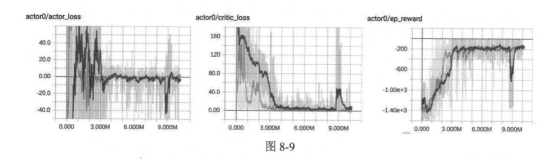

图 8-9

这个训练脚本同样会在控制台输出对训练过程的总结。如果你想通过可视化环境来观察智能体是如何学习的，则可以在启动训练脚本时将--render 参数添加到命令行中：

```
(rl_gym_book) praveen@ubuntu:~/HOIAWOG/ch8$ python a2c_agent --env
CartPole-v0 --render
```

我们学习了训练、记录日志和智能体性能的可视化方法，并取得了非常好的成果！

你可以用智能体的不同参数集在同一个或者不同的环境上运行多组实验。上面的例子只是在简单的环境中展示它的性能，以帮助你轻松地运行多组完整的实验并比较结果，而且不用担心受限于硬件性能。作为本书代码库的一部分，针对某些环境训练好的智能体的智能/模型可以帮助你快速上手，并能让你在测试模式中运行脚本以监视智能体的性能。你也可以在本书代码库中找到其他资源作为参考，例如在其他环境中展示学习曲线和智能体在多种环境中运行的视频剪辑。

一旦准备好了测试智能体，无论是用自己训练好的智能体模型还是用一个预训练好的智能体模型，都可以用--test 参数来表明你想关闭学习模式并让智能体处于测试模式。例如，为了在启动渲染的 LunarLander-v2 环境中测试智能体，你可以运行以下命令：

```
(rl_gym_book) praveen@ubuntu:~/HOIAWOG/ch8$ python a2c_agent --env
LunarLander-v2 --test --render
```

可以把基础版本改成前文提到的异步智能体。因为两个智能体实现都遵循了同样的结构和配置，所以我们可以轻松地将 a2c_agent.py 切换到异步智能体训练脚本 async_a2c_agent.py。它们甚至支持同样的命令行参数，这使我们的工作更加便捷。使用 async_a2c_agent.py 时，我们应确保 num_agents 参数在 parameter.json 文件中，这取决于进程的数量或者你想训练的并行智能体实例数量。例如，你可以在 BipedalWalker-v2 环境中用下列命令训练智能体的异步版本：

```
(rl_gym_book) praveen@ubuntu:~/HOIAWOG/ch8$ python async_a2c_agent --env
BipedalWalker-v2
```

你可能意识到了，智能体可以在多种有不同任务、状态/观测结果和动作空间的不同环境中学习。正因如此，深度强化学习智能体颇受欢迎且能够解决多种问题。现在，我们对训练过程很熟悉了，可以转入智能体在 CARLA 中车辆驾驶的道路上训练了。

8.3.2 训练智能体在 CARLA 中驾驶车辆

让我们开始在 CARLA 中训练智能体！首先，确保你的 GitHub 分支和本书代码库的上游主分支相同且是最新的。因为我们创建的 CARLA 环境是兼容 OpenAI Gym 接口的，所以很容易在其中进行训练，就像在其他 Gym 环境中一样。你可以用以下命令训练 *n* 步优势演员-评论家模型：

```
(rl_gym_book) praveen@ubuntu:~/HOIAWOG/ch8$ python a2c_agent --env Carla-v0
```

这会启动智能体的训练流程。就像之前一样，训练总结会在控制台上输出，同时日志会记录在 logs 文件夹中——你可以用 tensorboard 来查看。

在训练的初始阶段，你会注意到这个智能体驾驶着汽车横冲直撞。

经过几小时的训练，你会看到智能体已学会控制车辆，可以成功沿着道路行驶并能避免车祸。请在 ch8/trained_models 文件中找到一个训练好的自动驾驶智能体模型来帮助你快速测试智能体的驾驶性能。你会在本书代码库中发现更多资源和测试结果，以帮助你进行学习和尝试。祝尝试愉快！

8.4　小结

在本章中，我们实现了基于演员-评论家架构的深度强化学习智能体。我们从介绍基于策略梯度的方法开始，一步步经历了策略梯度优化的目标方程表示、似然比技巧理解，最终得到了策略梯度定理。然后，我们了解了演员-评论家架构如何利用策略梯度定理，并基于架构的实现用演员表示智能体的策略，以及评论家表示状态/动作/优势值函数。通过了解演员-评论家架构，我们又探讨了 A2C 算法并讨论了相关的 6 个步骤；随后借图表探究了 n 步返回计算方法，了解到在 Python 中实现 n 步返回计算是多么容易。此后，我们逐步实现了深度 n 步优势演员-评论家智能体。

我们还讨论了如何使智能体灵活且通用以适应各种环境。这些环境的状态、观测结果和动作空间尺寸可能有所不同，并且可能是连续的也可能是离散的。我们接着探究了如何在不同进程上并行运行多个智能体实例以提升学习性能。在 8.3 节中，我们转入智能体训练流程的学习，了解如何用--test 和--render 参数来测试智能体的性能。我们从简单的环境入手来熟悉训练和监视流程，最后完成了本章的终极目标——训练一个能在 CARLA 中学会自动驾驶的智能体！现在，你已经从本章和第 6 章中了解并实现了两类高性能的智能体算法。在第 9 章中，我们会探索新学习环境，以训练定制化的智能体，进而获得更多突破。

第 9 章　探索学习环境全景——Roboschool、Gym Retro、StarCraft-Ⅱ和 DeepMind Lab

　　我们已经就"通过构建智能体来解决一系列颇具挑战性的问题"而上下求索良久，也获得了很多动手经验。在前面的章节中，我们探究了 OpenAI Gym 中很多可选的环境。在本章中，我们会继续探究 Gym 并了解其他一些开发好的环境，并用它们来训练智能体或者运行实验。

　　我们已经了解到可以为开发智能体提供良好学习环境的开源库，再来了解一下 OpenAI Gym 库新添加的一类环境。如果你像我一样对机器人感兴趣，肯定会非常喜欢这类环境。是的，这是一类机器人环境，能够提供抓取、滑动、推动和其他机械臂动作相关的非常有用的操作。这些机器人环境基于 MuJoCo 引擎，所以是需要付费的（有免费试用期）。图 9-1 总结了这些机器人环境，并给出了环境的名称和简要的描述。

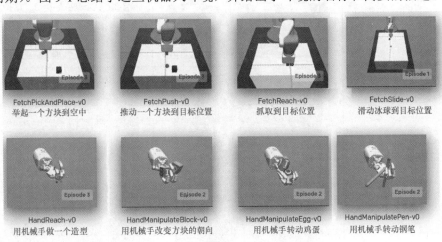

图 9-1

9.1　Gym 接口兼容的环境

在本节中，我们会直接深入了解兼容 Gym 接口的环境。你可以在后面介绍的环境中选用任何一个前面开发的智能体。让我们先了解一些非常有用和有前景的学习环境。

9.1.1　Roboschool

Roboschool 官方网站提供了许多用于模拟机器人控制的环境，包含与本书之前使用的 OpenAI Gym 环境相同的接口。基于 Gym 中的 MuJoCo 的环境提供了一个丰富的机器人任务，但是 MuJoCo 在免费试用后需要购买使用许可。Roboschool 提供了 8 种和 MuJoCo 很相似的环境，这是一个好消息，因为它可以作为免费替代方案。除了这 8 种环境，Roboschool 还提供了一些新的、具有挑战性的环境。

表 9-1 展示了 MuJoCo Gym 环境和 Roboschool 环境的比较。

表 9-1

简要描述	MuJoCo 环境	Roboschool 环境
让一个单足二维机器人尽可能向前快速跳跃	Hopper-v2	RoboschoolHopper-v1
让一个二维机器人行走	Walker2d-v2	RoboschoolWalker2d-v1

续表

简要描述	MuJoCo 环境	Roboschool 环境
让一个四足三维机器人行走	Ant-v2 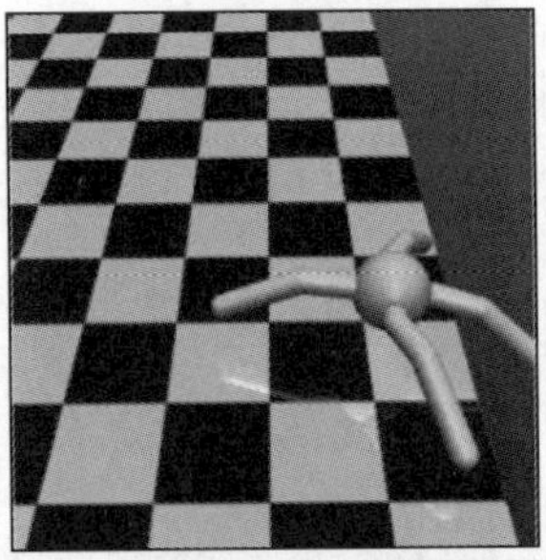	RoboschoolAnt-v1 
让一个双足三维机器人尽可能快速前行并避免摔倒	Humanoid-v2 	RoboschoolHumanoid-v1 

表 9-2 给出了 Roboschool 库中的可选环境及其状态、动作空间的完整列表，这些可以作为快速索引。

表 9-2

环境 ID	Roboschool 环境	观测空间	动作空间
RoboschoolInvertedPendulum-v1	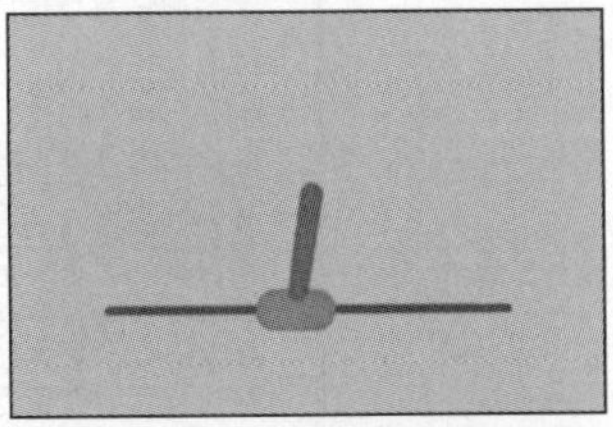	Box(5,)	Box(1,)
RoboschoolInvertedPendulumSwingup-v1	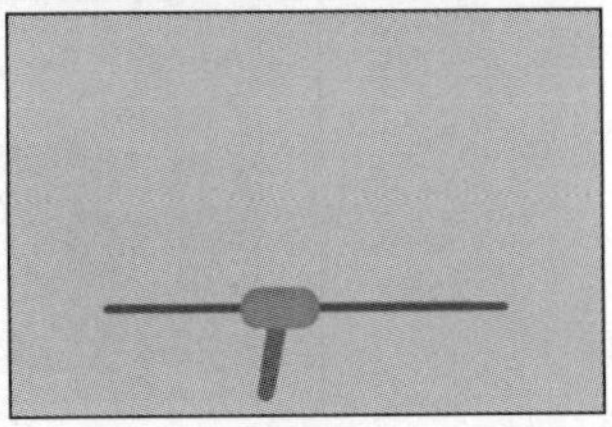	Box(5,)	Box(1,)

续表

环境 ID	Roboschool 环境	观测空间	动作空间
RoboschoolInvertedDoublePendulum-v1		Box(9,)	Box(1,)
RoboschoolReacher-v1		Box(9,)	Box(2,)
RoboschoolHopper-v1		Box(15,)	Box(3,)
RoboschoolWalker2d-v1		Box(22,)	Box(6,)
RoboschoolHalfCheetah-v1		Box(26,)	Box(6,)
RoboschoolAnt-v1		Box(28,)	Box(8,)

续表

环境 ID	Roboschool 环境	观测空间	动作空间
RoboschoolHumanoid-v1		Box(44,)	Box(17,)
RoboschoolHumanoidFlagrun-v1		Box(44,)	Box(17,)
RoboschoolHumanoidFlagrunHarder-v1		Box(44,)	Box(17,)
RoboschoolPong-v1	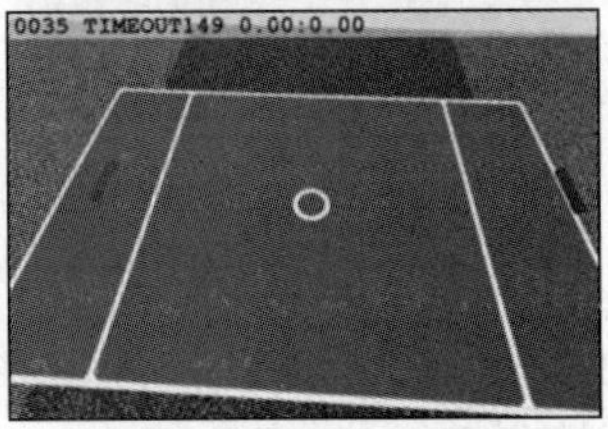	Box(13,)	Box(2,)

设置与运行 Roboschool 环境快速入门指南

Roboschool 环境利用开源的 Bulletphysics 引擎来取代有使用许可的 MuJoCo 引擎。让我们快速探究一下 Roboschool 环境，以便当你发现某个 Roboschool 库中的环境对你的工作很有帮助时知道如何使用它。首先，需要在 rl_gym_book conda 环境中安装 Roboschool Python 库。Roboschool 环境依赖于许多组件（包括 Bulletphysics 引擎），为此 Roboschool 官方 GitHub 代码库专门提供了具体的安装方法。为了让安装更简便，你可以用本书代码库中的 ch9/setup_roboschool.sh 脚本来自动编译和安装 Roboschool 库。运行脚本的步骤如下。

（1）输入 `source activate rl_gym_book`，激活 `rl_gym_book` conda 环境。

（2）执行 `cd ch9` 命令，切换到 `ch9` 文件夹。

（3）执行 `chomd a+x setup_roboschool.sh` 命令，确保脚本有正确的执行权限。

（4）执行 `sudo ./setup_roboschool.sh` 命令，运行脚本。

执行上述步骤，即可安装必需的系统依赖，提取和编译兼容 bullet3 物理引擎的源代码。然后要做的是下载 Roboschool 源代码到主路径下的 `software` 文件夹，最终在 `rl_gym_book` conda 环境中编译、构建和安装 Roboschool 库。如果设置成功完成，就会看到控制台中打印出下面的消息：

```
Setup completed successfully. You can now import roboschool and use it. If
you would like to \test the installation, you can run: python
~/roboschool/agent_zoo/demo_race2.py"
```

可以用下面代码运行一个快速入门演示：

```
'(rl_gym_book) praveen@ubuntu:~$ python
~/roboschool/agent_zoo/demo_race2.py'
```

这会启动一个颇具观赏性的机器人竞赛。你会看到单足跳跃机器人、只有一侧身体的猎豹和一个人形机器人在赛跑（见图 9-2）！有趣的是，这些机器人都是用基于强化学习训练的策略来控制的。

图 9-2

一旦安装好，你就可以创建一个 Roboschool 环境并用前面章节中开发好的智能体在这些环境中进行训练和运行。

你可以用本章代码库中的 `run_roboschool_env.py` 脚本来查阅任何一个 Roboschool 环境，例如，查阅 `RoboschoolInvertedDoublePendulum-v1` 环境：

```
(rl_gym_book) praveen@ubuntu:~/HOIAWOG/ch9$python run_roboschool_env.py --
env RoboschoolInvertedDoublePendulum-v1
```

你可以使用表 9-2 中的任意一个环境名，也可以使用新的 Roboschool 环境。

9.1.2　Gym Retro

Gym Retro 是 OpenAI 发布的 Python 库，可以作为在游戏中开发强化学习算法的研究平台。尽管 OpenAI 的 Atari 中已有 60 多款游戏，但总量还是很有限的。Gym Retro 支持使用游戏机/复古游戏平台中的游戏进行开发，例如任天堂 NES、SNES、Game Boy 游戏机、SEGA Genesis 和 SEGA Master 系统等。这让用带有 Libretro API 的模拟器成为可能，如图 9-3 所示。

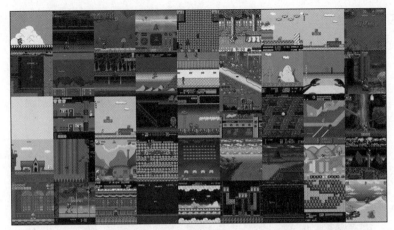

图 9-3

Gym Retro 提供了便捷的封装器，这使得超过 1000 款游戏可以变成兼容 Gym 接口的学习环境！几个学习环境是新的，但具有相同的接口，因此我们可以轻松地训练和测试这些开发好的智能体，而不需要太多修改。

为了体验使用 Gym Retro 的环境有多简单，我们先快速了解一下用于创建刚安装好的新 Gym Retro 环境的代码：

```
import retro
env = retro.make(game='Airstriker-Genesis', state='Level1')
```

上述代码会创建一个和我们之前见到的 Gym 环境有相同接口和方法的 env 对象，例如 step(...)、reset( )和 render( )。

Gym Retro 设置和运行快速入门指南

我们尝试用下面的 pip 命令快速安装预编译好的二进制文件来尝试使用 Gym Retro 库：

```
(rl_gym_book) praveen@ubuntu:~/rl_gym_book/ch9$ pip install gym-retro
```

一旦安装成功，便可以用下面的脚本选取一个 Gym Retro 环境来一睹为快：

```
#!/usr/bin/env python
import retro

if __name__ == '__main__':
    env = retro.make(game='Airstriker-Genesis', state='Level1')
    obs = env.reset()
    while True:
        obs, rew, done, info = env.step(env.action_space.sample())
        env.render()
        if done:
            obs = env.reset()
```

运行这个脚本会开启 Airstriker 游戏并展示一个采用随机动作的太空船。游戏窗口如图 9-4 所示。

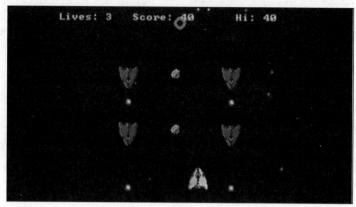

图 9-4

在继续操作之前有一件事需要注意，就是包含所有游戏数据的**只读内存**（Read-Only Memory，ROM）文件并不是所有游戏都可以自由获取的。只有一些像 Airstriker（前面脚本使用的）、Fire、Dekadrive、Automaton、Lost Marbles 等包含在 Gym Retro 库中的非商用主机游戏的 ROM 可以免费使用。其他游戏[如 Sonic 系列（Sonic The Hedgehog、Sonic The Hedgehog 2、Sonic 3 和 Knuckles）]，需要从如 Steam 等渠道购买才能合法使用 ROM。这对业余爱好者、学生和其他想用这些环境开发算法的爱好者来说是一个障碍。但好在这个障碍相对较小，Sonic The Hedeghog 的 ROM 在 Steam 上只需花费 1.69 美元。一旦有了游戏的 ROM 文件，你就可以用 Gym Retro 库提供的脚本导入它们了。

```
(rl_gym_book) praveen@ubuntu:~/rl_gym_book/ch9$ python -m retro.import
/PATH/TO/YOUR/ROMs/DIRECTORY
OpenAI Universe
```

注意，在创建新的 Gym Retro 环境时，我们需要使用 `retro.make(game='NAME_OF_GAME', state='NAME_OF_STATE')` 定义游戏的名称和状态。

为了获得 Gym Retro 环境的清单，你可以运行下面的代码：

```
(rl_gym_book) praveen@ubuntu:~/rl_gym_book/ch9$ python -c "import retro;
retro.list_games()"
```

为了获得游戏的可用状态清单，你可以运行下面的 Python 脚本：

```
#!/usr/bin/evn python
import retro
for game in retro.list_games():
    print(game, retro.list_states(game))
```

至此，我们已经熟悉了 Gym Retro 库。让我们分析一下这个库相比之前用过的库有什么优势。首先，Gym Retro 库利用了新的游戏主机（如 SEGA Genesis）而不是 Atari 主机。相比 Atari，SEGA Genesis 游戏主机的 RAM 是 Atari 的 500 倍，有着更好的画面和控制范围。也就是说，学习环境相对复杂，智能体需要学习和解决一些更复杂的任务和挑战。其次，这些主机游戏本质上是渐进的，游戏的复杂性随着关卡增加。关卡在某些方面（如目标、物体外观、物理性能等）保持了相似性，同时在其他方面（如布局、新角色等）提供了多样性。这样的训练环境能够逐渐增加智能体的学习难度，以使其学习常规任务，避免只适用于特定环境/任务（如监督学习中的过拟合）。智能体可以学会将它们从一个难度等级中学习到的技能迁移到另一个等级，再到其他游戏。这是一个活跃的研究领域，通常被称为课程学习、阶段学习或增量式演化。我们只对能在普通任务上学习和解决问题的智能体感兴趣，而不是针对特殊任务的智能体。Gym Retro 库提供了一些有用的环境来实现这样的实验和研究，尽管这只是游戏。

9.2 其他基于 Python 的开源学习环境

在本节中，我们会讨论一些基于 Python 并作为优秀智能体开发平台的学习环境。虽然它们没有兼容 Gym 环境的接口，但都是可以增加 Gym 封装器（使其兼容 Gym 环境）或者稍加实现就能使用本书前面开发的智能体的。正如你所猜测的，基于 Python 的优秀智能体的学习环境越来越多，因为这个领域的研究是非常活跃的。本书的代码库在有新环境诞生的时候会提供相关信息和快速入门指南。在下面的内容中，我们会探究些颇具潜力的学习环境。

9.2.1 星际争霸 II——PySC2

星际争霸 II 是非常成功的实时策略游戏之一，在全球有数百万的玩家，甚至有世界锦标赛！这个环境是很复杂的，主要目标是构建军事基地、管理经济、保卫基地和摧毁敌军，玩家则以第三人称视角控制基地和军队。如果你对星际争霸不熟悉，不妨去看几场线上比赛，感受一下这个游戏是多么复杂，以及其节奏是多么快。

实时策略游戏玩得好的人类玩家，往往需要进行非常多的训练（时间可能为几个月，实际上，职业玩家需要多年）、计划和快速反应。虽然智能体可以通过每帧按下多个软件按钮来快速移动，但速度并不是取胜的唯一因素。智能体需要对军队进行多任务化管理，并最大化得分。这要比 Atari 游戏复杂几个量级。

制作星际争霸 II 的暴雪公司发行了星际争霸 II 的 API，并提供了必要的接口使得游戏控制没有任何限制。这创造了无限可能，例如超越人类的智能体。他们甚至为 AI 和机器学习提供了不同的**最终用户证书**（EULA）！这对于像暴雪这样靠售卖游戏为生的公司来说是值得鼓励的。他们开源了**星际争霸**Ⅱ（SC2）客户端协议的实现，并提供了 Linux 安装包以及许多辅助程序（例如地图包）。在此之上，谷歌 DeepMind 开源了他们的 PySC2 库，为 Python 开放了 SC2 客户端接口，同时也提供了一个封装器使其可以成为一个强化学习环境。

　　图 9-5 展示了 PySC2 用户界面，右边是获得的特征层观测结果，左边是游戏场景的概览图。

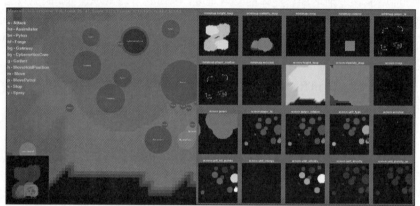

图 9-5

 如果你对这些类型的环境感兴趣，并且还是一个游戏开发者，那么肯定也会对 Dota 2 环境感兴趣。Dota 2 是一个实时策略游戏，同星际争霸Ⅱ一样，由两支 5 人队伍进行比赛，每位玩家操控一个英雄。你可以进一步探索如何开发一个由拥有 5 个基于神经网络且会团队协作的智能体组成的队伍，让它们用自我对抗的方式进行训练——一天的训练量相当于玩 180 年，这样的话，智能体就能学会克服很多挑战（包括高维和连续状态与动作空间，以及长远视野）！

　　星际争霸Ⅱ——PySC2 环境配置和运行的快速入门指南

　　我们会探究如何快速配置并启动星际争霸Ⅱ环境。一般情况下，请使用代码库中包含最新指令的 README 文件，因为链接和版本会改变。如果你尚未操作，请留意本书代码库来获取更新的相关通知。

　　（1）下载星际争霸Ⅱ Linux 包。下载最新版的星际争霸 Linux 包并提取到硬盘中的

~/StarCraftII 目录下。例如，可以使用下面代码下载 4.1.2 版本到～/StarCraftII/文件夹：

```
wge thttp://blzdistsc2-a.akamaihd.net/Linux/SC2.4.1.2.60604_2018_05_16.zip
-O ~/StarCraftII/SC2.4.1.2.zip
```

对文件进行解压缩并将其提取到~/StarCraftII/目录下：

```
unzip ~/StarCraftII/SC2.4.1.2.zip -d ~/StarCraftII/
```

注意，如下载页面所提示的，这些文件是受密码保护的，密码为'iagreetotheeula'。

（2）下载 SC2 地图。我们需要有星际争霸Ⅱ的地图包和迷你游戏包才能开始游戏。下载地图包并将其提取到硬盘中的~/StarCraftII/Maps 路径下，例如，我们用以下命令下载了 2018 年第二季度发布的 Ladder 地图：

```
wget
*****://blzdistsc2-a.akamaihd*****/MapPacks/Ladder2018Season2_Updated.zip -O
~/StarCraftII/Maps/Ladder2018S2.zip
```

将地图包解压缩到~/StarCraftII/Maps 目录下：

```
unzip ~/StarCraftII/Maps/Ladder2018S2.zip -d ~/StarCraftII/Maps/
```

然后下载并解压缩迷你游戏包文件：

```
wget
*****//github*****/deepmind/pysc2/releases/download/v1.2/mini_games.zip -O
~/StarCraftII/Maps/mini_games1.2.zip

unzip ~/StarCraftII/Maps/mini_games1.2.zip -d ~/StarCraftII/Maps
```

（3）安装 PySC2。为强化学习环境接口安装 PySC2 库和相关依赖。这一步相对直接，因为 PyPI Python 包中已经有 PySC2 库了。

```
(rl_gym_book) praveen@ubuntu:~/HOIAWOG/ch9$ pip install pysc2
```

（4）自己玩星际争霸Ⅱ或者运行样本智能体。为了测试安装是否正常，同时了解一下星际争霸Ⅱ的学习环境，我们可以在 Simple64 地图或者 CollectMineralShards 地图中使用下面的命令快速启动一个随机动作的智能体：

```
(rl_gym_book) praveen@ubuntu:~/HOIAWOG/ch9$ python -m pysc2.bin.agent --map
Simple64
```

也可以从环境中载入其他可获取的地图。例如，用下面的命令载入 CollectMineralShards 地图：

```
(rl_gym_book) praveen@ubuntu:~/HOIAWOG/ch9$ python -m pysc2.bin.agent --map
CollectMineralShards
```

执行上面的命令，应该会弹出一个交互界面，其中展示了随机智能体采取的动作，可以帮助你理解什么是允许的动作以及智能体在环境中会如何运作。

PySC2 提供了一个人类智能体接口，这对你进行代码调试（如果你感兴趣，直接玩！）会很有帮助。下面是自己运行并玩游戏的命令：

```
(rl_gym_book) praveen@ubuntu:~/HOIAWOG/ch9$ python -m pysc2.bin.play --map
Simple64
```

你也可以运行预设的样本智能体来收集矿物碎片，这是游戏中的一个任务，可以用下面的代码来执行：

```
(rl_gym_book) praveen@ubuntu:~/HOIAWOG/ch9$ python -m pysc2.bin.agent --map
CollectMineralShards --agent
pysc2.agents.scripted_agent.CollectMineralShards
```

如果你认真浏览本书代码库中新智能体的源代码和指令并用先进的技术训练和测试新智能体，那么也可以对第 8 章开发的智能体进行自定义来玩星际争霸Ⅱ。如果你做了，则发送一个拉取请求到本书代码库，给作者发邮件或者公之于众，让每个人都知道你设计了炫酷的内容！

9.2.2 DeepMind Lab

DeepMind Lab 是一个可以提供一套如迷宫三维导航或者解谜题之类有挑战性的学习任务的三维学习环境。它是在一些开源软件基础上搭建起来的，包括著名的 Quake Ⅲ Arena。

这个环境的接口和本书中使用的 Gym 接口非常相似。通过下面的代码，我们能直观感受到这个环境接口的设置：

```
import deepmind_lab
num_steps = 1000
config = {
    'width': 640,
    'height': 480,
    'fps': 30
}
...
env = deepmind_lab.Lab(level, ['RGB_INTERLEAVED'], config=config,
renderer='software')

for step in range(num_steps)
if done:
    env.reset()
obs = env.observations()
action = agent.get_action(...)
reward = env.step(action, num_steps=1)
done = not env.is_running()
```

这段代码虽然不完全兼容 OpenAI Gym 接口,但也提供了一个非常相似的接口。

1. DeepMind Lab 学习环境接口

我们会简短地讨论一下 DeepMind Lab(DM Lab)的环境接口,帮助你熟悉它。你会发现它和 OpenAI Gym 接口有很多相似点,然后就可以在实验室环境中自己启动实验啦!

(1)**reset(episode=-1, seed=None)**。这和我们在 Gym 接口中看到的 reset() 方法相似,但是不像 Gym 环境,DM Lab 的 reset 方法不返回观测结果。我们稍后会探究如何得到观测结果,现在只讨论 DM Lab 的 reset(episode=-1, seed=None) 方法。这个方法将环境重置到初始状态并在每个回合结束时调用它来创建新的回合。可选的 episode 参数需要取整数值来为一个特定回合指定开始时的关卡序号。如果 episode 值没有设置或为-1,那么关卡会按默认顺序加载。seed 参数同样是可选的,用于确定随机数的生成是可复现的。

(2)**step(action, num_steps=1)**。这和 Gym 接口的 step(action) 方法相似,但是和 reset() 一样,这个方法没有返回下一个观测结果(或奖励、done 和 info)。我们调用这个方法让环境运行 num_steps 帧,每帧都会执行 action 定义的动作。当我们想在 4 帧或连续帧中执行重复的动作时,这是非常有用的。Gym 环境封装器会完成这个动作的重复行为。

(3)**observations()**。这是一个在调用 reset() 或 step(action) 时用来从 DM Lab 环境中接收观测结果的方法。这个方法返回一个 Python 字典对象,其包含了从可获得环境类型中指定的观测结果。例如,如果我们想要环境的 **RGBD**(Red-Green-Blue-Depth)信息,则可以用'RGBD'键在初始化环境时指定,也可以用'RGBD'键从返回的观测字典中提取信息。下面展示了一个简单的例子:

```
env = deepmind_lab.Lab('tests/empty_room_test', ['RGBD'])
env.reset()
obs = env.observations()['RGBD']
```

还有一些其他 DM Lab 环境支持的观测类型。我们可以用 observation_ spec() 来获取观测类型的列表。

(4)**is_running()**。这个方法与 Gym 接口的 step(action) 方法返回的 Boolean 值 done 很相似(相反方向看)。

这个方法会在回合结束或中止运行时返回 False,会在环境运行时一直返回 True。

(5)**observation_spec()**。这个方法与 Gym 环境中用的 env.observation_space()

相似，会返回一个 DM Lab 环境支持的所有可用观测结果的列表——也包含不同关卡特有的定制化观测列表。

如果你想用的参数可以在观测列表中查到（例如前面的'RGBD'），那么函数会返回参数的名字、类型、张量或字符串的尺寸。例如，下面的代码列出了两个返回的元素：

```
{
    'dtype': <type 'numpy.uint8'>, ## Array data type
    'name': 'RGBD',               ## Name of observation.
    'shape': (4, 180, 320)        ## shape of the array. (Heights, Width,Colors)
}


{
    'name': 'RGB_INTERLEAVED',     ## Name of observation.
    'dtype': <type 'numpy.uint8'>, ## Data type array.
    'shape': (180, 320, 3)         ## Shape of array. (Height, Width, Colors)
}
```

为了快速理解如何使用这个方法，我们看看下面几行代码和输出：

```
import deepmind_lab
import pprint
env = deepmind_lab.Lab('tests/empty_room_test', [])
observation_spec = env.observation_spec()
pprint.pprint(observation_spec)
# Outputs:
[{'dtype': <type 'numpy.uint8'>, 'name': 'RGB_INTERLEAVED', 'shape': (180,
320, 3)},
 {'dtype': <type 'numpy.uint8'>, 'name': 'RGBD_INTERLEAVED', 'shape': (180,
320, 4)},
 {'dtype': <type 'numpy.uint8'>, 'name': 'RGB', 'shape': (3, 180, 320)},
 {'dtype': <type 'numpy.uint8'>, 'name': 'RGBD', 'shape': (4, 180, 320)},
 {'dtype': <type 'numpy.uint8'>, 'name': 'BGR_INTERLEAVED', 'shape': (180,
320, 3)},
 {'dtype': <type 'numpy.uint8'>, 'name': 'BGRD_INTERLEAVED', 'shape': (180,
320, 4)},
 {'dtype': <type 'numpy.float64'>, 'name': 'MAP_FRAME_NUMBER', 'shape':
(1,)},
 {'dtype': <type 'numpy.float64'>, 'name': 'VEL.TRANS', 'shape': (3,)},
 {'dtype': <type 'numpy.float64'>, 'name': 'VEL.ROT', 'shape': (3,)},
 {'dtype': <type 'str'>, 'name': 'INSTR', 'shape': ()},
 {'dtype': <type 'numpy.float64'>, 'name': 'DEBUG.POS.TRANS', 'shape':
(3,)},
 {'dtype': <type 'numpy.float64'>, 'name': 'DEBUG.POS.ROT', 'shape': (3,)},
 {'dtype': <type 'numpy.float64'>, 'name': 'DEBUG.PLAYER_ID', 'shape':
(1,)},
# etc...
```

（6）**action_spec()**。与 observation_spec()方法相似，action_spec()

方法返回一个包含空间中每个元素的 min、max 和名称的列表。min 和 max 分别表示相应元素在动作空间中可以设置的最小值和最大值。这个列表的长度等于动作空间的维度/尺寸。这和我们曾在 Gym 环境中使用的 env.action_space 相似。

下面的代码能让我们快速了解调用 action_spec() 方法会返回的值：

```
import deepmind_lab
import pprint

env = deepmind_lab.Lab('tests/empty_room_test', [])
action_spec = env.action_spec()
pprint.pprint(action_spec)
# Outputs:
# [{'max': 512, 'min': -512, 'name': 'LOOK_LEFT_RIGHT_PIXELS_PER_FRAME'},
#  {'max': 512, 'min': -512, 'name': 'LOOK_DOWN_UP_PIXELS_PER_FRAME'},
#  {'max': 1, 'min': -1, 'name': 'STRAFE_LEFT_RIGHT'},
#  {'max': 1, 'min': -1, 'name': 'MOVE_BACK_FORWARD'},
#  {'max': 1, 'min': 0, 'name': 'FIRE'},
#  {'max': 1, 'min': 0, 'name': 'JUMP'},
#  {'max': 1, 'min': 0, 'name': 'CROUCH'}]
```

（7）**num_steps()**。这个方法有类似计数器的作用，可以记录调用 reset() 后执行的帧数。

（8）**fps()**。这个方法会返回每秒执行的帧数（或环境中的步数），可以帮助我们追踪环境执行的速度和智能体在环境中的采样速率。

（9）**events()**。这个方法可以返回自从 reset() 或 step(..) 方法调用后发生的事件列表。返回的元组包含一个名称和一个观测结果列表。

（10）**close()**。与 Gym 环境中的 close() 方法一样，这个方法会关闭环境实例并释放使用的资源，如 Quake Ⅲ Arean 实例。

2. 配置及运行 DeepMind Lab 的快速上手指南

通过前面几节的简单介绍，我们已经熟悉 DeepMind Lab 环境接口并准备好在这个学习环境中获取动手实践的经验了。在下面的内容中，我们会逐步配置 DeepMind 环境并运行一个样本智能体。

（1）配置并安装 DeepMind Lab 及其依赖。DeepMind Lab 用 Bazel 作为编译工具，支持 Java 语言。本书代码库中有相应的脚本可以帮助你轻松配置 DeepMind Lab。你可以使用下列代码运行这个脚本：

```
(rl_gym_book) praveen@ubuntu:~/HOIAWOG/ch9$./setup_deepmindlab.sh
```

这个脚本的运行需要一些时间，但是会自动安装所有必要的包和库（包括 Bazel 和它的依赖）并为你完成所有配置。

（2）玩游戏，测试随机动作智能体，或训练自己的智能体！一旦完成了安装，你就可以从键盘输入下面的命令来测试游戏了：

```
(rl_gym_book) praveen@ubuntu:~/HOIAWOG/ch9$ cd deepmindlab
```

```
(rl_gym_book) praveen@ubuntu:~/HOIAWOG/ch9/deepmindlab$ bazel run :game --
--level_script=tests/empty_room_test
```

也可以使用下面的命令来测试一个随机动作智能体：

```
(rl_gym_book) praveen@ubuntu:~/HOIAWOG/ch9/deepmindlab$ bazel run
:python_random_agent --define graphics=sdl -- --length=5000
```

为了创建自己的智能体，你可以用配置好的样本智能体示例脚本来和 DeepMind Lab 环境进行交互。样本智能体示例脚本可以在 ~/HOIAWOG/ch9/deepmindlab/python/random_agent.py 中找到。你可以用下面的命令训练智能体：

```
(rl_gym_book) praveen@ubuntu:~/HOIAWOG/ch9/deepmindlab$ bazel run
:python_random_agent
```

9.3 小结

在本章中，我们了解了很多有趣和重要的学习环境，探究了如何配置它们的接口，甚至使用本书代码库中的配置脚本与快速上手指南获得了宝贵的实践经验。我们先了解了那些兼容 OpenAI Gym 接口的环境，然后着重探索了 Roboschool 和 Gym Retro 环境。

我们还探索了其他有用的学习环境。这些学习环境虽然不具备兼容 Gym 环境的接口，但有与之非常相似的 API，这样我们仍然可以很容易调整智能体的代码或实现围绕学习环境的封装器，使其与 Gym API 兼容。例如，我们探索了著名的实时策略游戏星际争霸 II 和 DeepMind Lab 环境，还接触了 Dota 2 环境——OpenAI 用它来训练过单一智能体和智能体团队，并成功在 Dota 2 竞赛中击败了人类玩家和一些专业游戏战队。

我们在这些学习环境中探究了不同种类的任务和环境，运行了一些例子，并对如何使用前面开发的智能体来训练和解决新环境中具有挑战性的任务有了一个初步的认识。

第 10 章　探索学习算法世界——DDPG（演员-评论家）、PPO（策略梯度）、Rainbow（基于值）

　　在前面的章节中，我们了解了很多有潜力的学习环境。你可以用它们来训练智能体并应对很多不同的任务。在第 7 章中，我们也介绍了如何创建自己的环境，如何在其中训练智能体以解决感兴趣的任务或问题。掌握了这些内容，你就可以自主探索本书介绍过的各种环境、任务和问题。沿着这条主线，我们会在本章探究更多有潜力的算法，供你独立开发智能体以及遇到困难时参考。

　　到目前为止，我们已经实现了智能体并能让其学会自我优化，还解决了离散决策/控制问题（见第 6 章）和连续动作/控制问题（见第 8 章），由此为开发类似的智能体开发奠定了良好的基础。希望前面几章的内容已经让你对如何自主开发智能体解决手头的任务或者问题有了全面的了解。我们也探究了如何使用一些实用工具（如日志系统、可视化、参数管理等）来助力开发、训练和测试复杂的系统。我们学习了两类主要的算法：基于深度 Q-Learning（及其扩展版本）和深度演员-评论家（及其扩展版本）的深度强化学习算法。它们都是很好的基准算法，在前沿论文中依然作为参照来使用。多年来，这个领域的发展热度不减，也出现了很多新的算法。有些算法有更好的样本复杂度（达到一定的性能时智能体所需收集的数据量），有些算法则有稳定学习的特质并能找到最优策略，如果有足够的训练时间，只需要很少甚至不需要微调就可以用于大多数问题中。一些新的架构（例如 IMPALA 和 Ape-X）也有很好的扩展性。

　　我们会快速探究这些有潜力的算法，了解它们的优势及其潜在的应用类型，还会了解之前未提及的核心组件的代码样例。这些算法的实现样例可以在本书代码库中找到。

10.1　深度确定性策略梯度

深度确定性策略梯度（Deep Deterministic Policy Gradient，DDPG）是一个基于离线策略（off policy）、无模型（model-free）和**确定性策略梯度**（DPG）定理的演员-评论家算法。与基于深度 Q-Learning 的算法不同，基于演员-评论家策略梯度的方法更容易应用到连续动作空间中，而不仅适用于离散动作空间中的问题/任务。

核心概念

在第 8 章中，我们了解了策略梯度定理的推导。在这里，我们再展示一下：

$$\nabla_\theta J(\theta) = E_{\pi_\theta}[\nabla_\theta \log \pi_\theta(s,a)] Q^{\pi_\theta}(s,a)$$

你可能还记得我们探究过的策略是一个**给定状态**（s）和参数（θ）后选取每个动作所对应的概率的随机函数。在确定性策略梯度中，随机性策略被一个对于给定状态和参数 θ 有特定策略的确定性策略所替代。简而言之，确定性策略梯度可以用下面两个等式表示。

策略的目标函数为：

$$J(\mu_\theta) = E_{s \sim \rho^\mu}[r(s, \mu_\theta(s)]$$

其中，ρ^μ 是在策略下衰减状态的分布。

确定性策略梯度的目标函数为：

$$\nabla_\theta J(\mu_\theta) = E_{s \sim \rho^\mu}[\nabla_\theta Q^\mu(s, \mu_\theta(s))]$$

现在我们看到了相似的动作-值函数公式，这就是所说的评论家。DDPG 在此基础上用深度神经网络来表示动作-值函数，就像在第 6 章用深度 Q-Learning 为最优离散控制实现智能体那样。只不过现在目标网络是缓慢地更新，而不是固定多步不变后再更新。DDPG 也使用了经验回放缓存和带有噪声的 μ_θ，并用公式 $\mu_{\text{exploration}} = \mu_\theta(s) + N$ 鼓励策略进行探索（μ_θ 是确定的）。

这里是DDPG的一个扩展版本D4PG,是分布式(Distributed Distributional)表示的 DDPG 的缩写。我可以猜到你会想:DPG→DDPG→{缺了什么}→{DDDDPG}。对的!这个缺少的部分就是留给你实现的。

D4PG 算法对 DDPG 进行了如下 4 处主要优化。

- 以分布式表示评论家(对于给定状态和动作,评论家现在对 Q 值估计一个分布,而不只是一个简单的值)。
- n 步返回(和第 8 章相似,n 步时序差分返回取代了单步返回)。
- 有优先级排序的经验回放(从经验回放记忆中进行经验采样)。
- 分布式并行的演员(利用 K 个互相独立的演员并行地获取经验,然后填充经验回放记忆)。

10.2 近端策略优化

近端策略优化(Proximal Policy Optimization,PPO)是一个基于策略梯度的方法,已经被证明是稳定且易于扩展的。事实上,PPO 是帮助 OpenAI Five 团队迎战(并击败)多个人类 Dota 玩家的算法。

核心概念

在策略梯度方法中,算法首先尝试收集一些状态转移和(潜在)奖励的样本,然后再通过梯度下降最小化目标函数的方式更新策略的参数。这个方法会持续更新参数,直到学习到一个好的策略。为了更平稳地进行训练,**信赖域策略优化**(Trust Region Policy Optimization,TRPO)算法利用 **Kullback-Liebler**(KL)散度来约束策略更新,所以相比旧策略而言,单步的更新不会太多。TRPO 是 PPO 算法的前身。我们简要讨论一下用在 TRPO 算法中的目标函数,以帮助你更好地理解 PPO。

(1)离线策略学习。正如我们所知的,在离线策略(off-policy)学习中,智能体在执行行为策略(behavioral policy)时不会尝试对策略进行优化。提醒一下,第 6 章中的 Q-Learning 和很多变体都是离线策略。我们用 $\beta(a|s)$ 表示行为策略,然后可以写出基于状态访问分布(state-visitation distribution)和动作目标函数来表示总优势:

$$J(\theta) = \sum_{s \in S} \rho^{\pi_{\theta_{\text{old}}}} \sum_{a \in A} [\pi_\theta(a \mid s) \hat{A}_{\theta_{\text{old}}}(s, a)]$$

其中，θ_{old} 是更新前的策略参数；$\rho^{\pi_{\theta_{\text{old}}}}$ 是旧策略下的状态访问概率分布。我们可以对内部的求和项乘以再除以一个行为策略 $\beta(a \mid s)$。这样做是为了利用重要性采样（importance sampling）来解释用行为策略 $\beta(a \mid s)$ 采样到的转移。

$$J(\theta) = \sum_{s \in S} \rho^{\pi_{\theta_{\text{old}}}} \sum_{a \in A} [\beta(a \mid s) \frac{\pi_\theta(a \mid s)}{\beta(a \mid s)} \hat{A}_{\theta_{\text{old}}}(s, a)]$$

我们可以把之前在分布上的求和写作期望，如下所示：

$$J(\theta) = E_{s \sim \rho^{\pi_{\theta_{\text{old}}}}} \sum_{a \in A} (\beta(a \mid s) \frac{\pi_\theta(a \mid s)}{\beta(a \mid s)} \hat{A}_{\theta_{\text{old}}}(s, a)) = E_{s \sim \rho^{\pi_{\theta_{\text{old}}}}, a \sim \beta} \left[\frac{\pi_\theta(a \mid s)}{\beta(a \mid s)} \hat{A}_{\theta_{\text{old}}}(s, a) \right]$$

（2）在线策略。在线策略学习之中，智能体的行为策略和目标策略是相同的。通常情况下，当前策略（更新前的）就是用来采样的旧策略 $\pi_{\theta_{\text{old}}}$，同时也是行为策略。目标函数为：

$$J(\theta) = E_{s \sim \rho^{\pi_{\theta_{\text{old}}}}, a \sim \pi_{\theta_{\text{old}}}} \left[\frac{\pi_\theta(a \mid s)}{\pi_{\theta_{\text{old}}}} \hat{A}_{\theta_{\text{old}}}(s, a) \right]$$

TRPO 用信赖域约束来优化前面的目标函数，具体是用下式给出的 KL 散度：

$$E_{s \sim \rho^{\pi_{\theta_{\text{old}}}}} [D_{\text{KL}}(\pi_{\theta_{\text{old}}}(. \mid s) \| \pi_\theta(. \mid s)] \leqslant \delta$$

信赖域约束确保了新的策略不会在当前策略之上更新太多。虽然 TRPO 足够简洁且让人直觉上感到很简单，但它的实现和梯度更新也让复杂度有所增大。PPO 用了简化后的目标函数但同样简单而有效。让我们再深入了解一下 PPO 所用算法背后的数学原理，定义新策略 π_θ 和旧策略 $\pi_{\theta_{\text{old}}}$ 在给定状态 s 下采取动作 a 的概率比值为：

$$r(\theta) = \frac{\pi_\theta(a \mid s)}{\pi_{\theta_{\text{old}}}(a \mid s)}$$

将这个公式代入 TRPO 的在线策略目标函数：

$$J^{\text{TRPO}}(\theta) = E \left[r(\theta) \hat{A}_{\theta_{\text{old}}}(s, a) \right]$$

粗暴地直接去掉 KL 散度会导致结果不稳定，因为大量的参数更新会产生一些问题。PPO 强制加入一个对 $r(\theta)$ 的约束使其保持在 $[1 - \varepsilon, 1 + \varepsilon]$，其中 ε 是一个可调参数。PPO 使用的目标函数能够使其在原先的参数值和简化版下取得最小值：

$$J^{\text{PPO}}(\theta) = E \left[\min(r(\theta) \hat{A}_{\theta_{\text{old}}}(s, a), \text{clip}(r(\theta), 1 - \varepsilon, 1 + \varepsilon) \hat{A}_{\theta_{\text{old}}}(s, a)) \right]$$

这会诞生一个稳定且单调地进行优化的目标函数。

10.3　Rainbow

　　Rainbow 是一个基于 DQN 的离线深度强化学习算法,我们在第 6 章中介绍并实现了深度 Q-Learning（DQN）及其一些扩展算法。DQN 的扩展和优化算法有很多,Rainbow 组合了 6 种扩展算法并证明了这种组合更有效。Rainbow 是目前最先进的算法,并在 Atari 游戏上取得了优异的成绩。如果你好奇它为啥叫作 Rainbow，那可能是它组合了 Q-Learning 的 7 种（彩虹的颜色数）扩展,分别是 DQN、双 Q-Learning、优先经验回放、竞争网络、多步学习/n 步学习、分布表示强化学习和噪声网络。

10.3.1　核心概念

　　Rainbow 组合了 DQN 和 6 种用于弥补原始 DQN 缺陷的可选扩展算法。我们会简要地介绍这 6 种扩展算法,以帮助你理解它们对 Rainbow 问鼎 Atari 积分榜并在 Open AI Retro 竞赛中取得成功做出了什么样的贡献。

1.　DQN

　　到目前为止,你应该对 DQN 非常熟悉了。我们在第 6 章中实现了深度学习智能体并细致地讨论了 DQN、如何用深度神经网络函数逼近器来扩展标准的 Q-Learning、经验回放和目标网络,现在再回顾一下在第 6 章中用过的 Q-Learning 损失函数:

$$q_{\text{loss}} = [R_{t+1} + \gamma_{t+1} \max_{a' \in A} q_{\bar{\theta}}(S_{t+1}, a') - q_{\theta}(S, A_t)]^2$$

　　这是时序差分目标和 DQN 的 Q 值估计间的均方误差,其中,$q_{\bar{\theta}}$ 是缓慢目标网络,q_{θ} 是主要 Q 网络。

2.　双 Q-Learning

　　双 Q-Learning 里有两个动作–值函数,分别称为 Q1 和 Q2。双 Q-Learning 旨在将其中的动作选择和值估计分开。也就是说,如果我们想更新 Q1,则会依据 Q1 来选最佳动作,用 Q2 来评估所选动作的值。同样,如果更新 Q2,用 Q2 来选动作,用 Q1 来估计值。在实践中,你可以用主要Q网络 q_{θ} 作为Q1,用缓慢目标网络 $q_{\bar{\theta}}$ 作为Q2。双Q-Learning 的损失函数如下所示:

$$q_{\text{loss,double}} = \{R_{t+1} + \gamma_{t+1} q_{\bar{\theta}}[S_{t+1}, \arg\max_{a'} q_{\theta}(S_{t+1}, a')] - q_{\theta}(S_t, A_t)\}^2$$

　　这样调整损失函数的动机是 Q-Learning 深受高估偏差（overestimation bias）的不良影响。过高估计是因为对最高值期望的估计高于或等于期望的最高值（通常是不相等的）,这是 Q-Learning 算法和 DQN 中的最大化步骤导致的。由双 Q-Learning 引入的改变减少了过高估计（它对学习过程不利），因此优化了 DQN 性能。

3. 优先经验回放

在第 6 章中实现深度 Q-Learning 时，用经验回放来存储和调用样本的转移经验。在我们的实现和 DQN 算法中，回放经验缓存中的采样是均匀的。直观来讲，我们想更频繁地采样，因为那样可以学到更多经验。优先经验回放根据关于时序差分误差的概率 p_t 回放转移样本，由以下公式给出：

$$p_t \infty \left| R_{t+1} + \gamma_{t+1} \max_{a'} q_{\bar{\theta}}(S_{t+1}, a') - q_\theta(S_t, A_t) \right|^w$$

其中，w 是决定分布形状的超参数。这样能够保证采样到的样本是 Q 值预测误差较大的样本。在实践中，新的转移会以最大优先级插入回放记忆中，以突出最近转移经验的重要性。

4. 竞争网络

竞争网络是为基于值的强化学习设计的神经网络架构。竞争（dueling）是这个架构的主要特点。这意味着有两个计算流，一个是用于值函数的，另一个是用于优势函数的。图 10-1 是一张源自相关论文的图表，展示了传统 DQN 架构与竞争网络架构的区别。

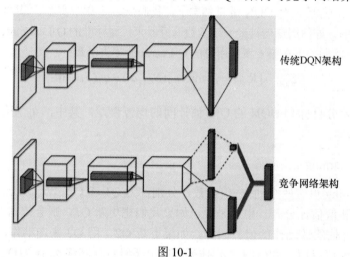

图 10-1

有编码特征的卷积层由值数据流和优势数据流共享，最后由一个特殊的聚合函数合并。正如论文中所述，这个函数和动作值的因式相关：

$$q_\theta(s,a) = v_\eta[f_\xi(s)] + a_\psi[f_\xi(s),a] - \frac{\sum_a a_\psi[f_\xi(s),a']}{N_{\text{actions}}}$$

其中，η、ξ 和 ψ 分别是值数据流、共享卷积编码器和优势数据流的参数；$\theta = \{\eta, \xi, \psi\}$ 表示它们的组合。

5. 多步学习/n 步学习

在第 8 章中，我们实现了 n 步返回的时序差分返回方法，并讨论了如何使用前向的多步目标来取代单步时序差分误差。带 n 步返回的 DQN 是实现中非常重要的思路之一。先回忆一下在状态 s_t 下简化后的 n 步返回：

$$G_t^{(n)} = R_t^{(n)} = \sum_{k=0}^{n-1} \gamma_t^{(k)} R_{t+k+1}$$

使用这个公式后，DQN 的多步变体可以定义为最小化下列损失：

$$q_{\text{loss},n\text{-step}} = [R_t^{(n)} + \gamma_t^{(n)} \max_{a'} q_{\bar{\theta}}(S_{t+n}, a') - q_\theta(S_t, A_t)]^2$$

这个公式显示了我们做的改变。

6. 分布表示强化学习

分布表示强化学习方法是学习如何估计返回值的分布而不是返回值的期望（平均）的。分布表示强化学习提出使用离散支撑集（support）的概率质量来对分布进行建模。这意味着我们不仅要确定给定状态下的动作-值，还要发掘每个状态对应的动作-值，以组成完整的分布。这里我们就不深入了解更多细节了（这需要太多的背景知识），仅讨论一下这个方法对强化学习最大的贡献——分布表示的 Bellman 等式。动作-值函数如果用单步 Bellman，则可以返回：

$$Q(S_t, A_t) = r + \gamma Q(S_{t+1}, A_{t+1})$$

在分布表示的 Bellman 等式中，标量 Q 被 Z 所取代：

$$Z(S_t, A_t) = r + \gamma Z(S_{t+1}, A_{t+1})$$

因为量不再是标量，所以改进后的公式需要在更多的车辆上进行训练，而不仅是对逐步返回增加一个状态-动作-值的折扣系数。分布表示的 Bellman 等式的更新步骤可以用图 10-2 阐释（阶段从左过渡到右）。

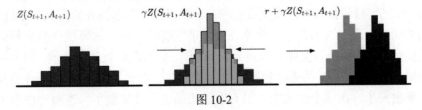

图 10-2

可以看到，下一个状态的状态动作-值分布在左侧，然后用折扣系数 γ 进行缩放（中间）。最后，我们使其再偏移 r，以实现分布表示的 Bellman 更新。更新后，从前一更新操作得到的目标分布 Z' 通过最小化 Z 和 Z' 间交叉熵的方式投影到了当前分布 Z 的支撑集（support）上。

基于上述背景知识，你可以简要浏览分布强化学习论文中已集成到 Rainbow 智能体上的 C51 算法的伪代码。

算法 1　分类算法

输入　一个转移 $x_t, a_t, r_t, x_{t+1}, \gamma_t \in [0, 1]$

$$Q(x_{t+1}, a) := \sum_i z_i p_i(x_{t+1}, a)$$

$$a^* \leftarrow \arg\max_a Q(x_{t+1}, a)$$

$$m_i = 0, i \in 0, \cdots, N-1$$

for $j \in 0, \cdots, N-1$ **do**

　#计算 $\hat{T}z_j$ 到支撑集 $\{z_j\}$ 上的投影

$$\hat{T}z_j \leftarrow \left[r_t + \gamma_t z_j \right]_{V_{\mathrm{MIN}}}^{V_{\mathrm{MAX}}}$$

$$b_j \leftarrow (\hat{T}z_j - V_{\mathrm{MIN}}) / \Delta z \qquad \# b_j \in [0, N-1]$$

$$l \leftarrow \lfloor b_j \rfloor, u \leftarrow \lceil b_j \rceil$$

　#$\hat{T}z_j$ 的分布概率

$$m_l \leftarrow m_l + p_j(x_{t+1}, a^*)(u - b_j)$$

$$m_u \leftarrow m_u + p_j(x_{t+1}, a^*)(b_j - l)$$

end for

输出　$\sum_i m_i \log p_i(x_t, a_t)$　#交叉熵损失

---

7. 噪声网络

回忆一下，我们在第 6 章中为深度 Q-Learning 智能体用了 ε-贪婪策略，从而可以基于深度 Q 网络学习到的动作-值来采取动作。也就是说，基本是在给定状态下选择动作-值中最高的动作，很少（非常小的概率 ε）会采取随机动作。这可能会阻止智能体探索更多的奖励状态，特别是智能体还没找到最优动作-值却已经收敛的时候。用 ε-贪婪策略探索的局限性在使用 DQN 的变体和基于值的学习方法来玩 Atari Montezuma 的复仇这个游戏时体现出来了。在这个游戏中，只有在以正确的方式采取了一连串动作后才会得到

第一个奖励。为了克服这个探索上的局限，Rainbow 算法用了噪声网络（noisy net）方法——于 2017 年提出的简单却有效的方法。

噪声网络主要是包含确定性数据流和噪声数据流的线性神经网络层的带噪版本。这个线性神经网络层可以用下面等式表示：

$$y = \underbrace{(b + Wx)}_{\substack{\text{确定性的}\\ \text{（通常是线性层）}}} + \underbrace{(b_{\text{noisy}} \odot \varepsilon^b + (W_{\text{noisy}} \odot \varepsilon^w)x)}_{\text{随机的（噪声线性层）}}$$

其中，b_{noisy} 和 W_{noisy} 是噪声层的参数，它们和 DQN 中的其他参数一样用梯度下降来学习。$\odot$ 表示元素积；ε^b 和 ε^w 是零均值的随机噪声。我们可以用带噪线性层取代 DQN 中常规的线性层。因为 b_{noisy} 和 W_{noisy} 都是自学习参数，所以该网络能够学习忽略噪声流。因为对于每个神经元，噪声数据流以不同的速率衰减，所以这使得智能体能以自我退火（请参考退火算法）的方式进行更好的探索。

Rainbow 智能体实现整合了所有前述方法在 57 个 Atari 游戏上取得的最好成绩。在 Rainbow 论文中，作者用图 10-3 所示来展示其算法与之前最好的算法在整合标准集上的表现对比。

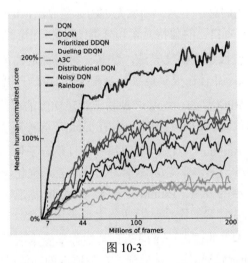

图 10-3

从图 10-3 中我们可以清楚地看出，组合的方法极大地优化了其在 57 种 Atari 游戏上的表现。

10.3.2　优点及应用简要总结

Rainbow 算法的主要优点如下。

- 组合了近些年来对 Q-Learning 做出的一些重要扩展。
- 在 Atari 标准数据集上取得了优异的成绩。
- 使用恰当 n 值的 n 步目标通常可以加速学习。
- 不同于 DQN 的变体，Rainbow 可以从经验回放记忆中少用 40%的帧来学习。
- 10 小时（700 万帧）内在单 GPU 计算机上达到 DQN 最佳成绩。

在离散控制问题中，当动作空间小且离散时，Rainbow 变得炙手可热，它应用在其他环境（例如 Gym-Retro）中也很成功。值得一提的是，Rainbow 的一个微调版本获得了 2018 年 OpenAI Retro 竞赛的亚军。OpenAI Retro 是一个迁移学习比赛，智能体需要先学习如何玩一定级别的复古创世纪游戏，例如 Sonic The Hedgehog、Snoic The Hedgehog II 和 Sonic & Knuckles，然后再玩这些游戏的其他级别。考虑到在经典强化学习中，智能体一般在同一环境中训练和测试，这一竞赛会评估算法从之前经验中进行泛化的能力。总体来说，Rainbow 是在任何离散状态空间的强化学习问题/任务中最值得一试的。

10.4　小结

在本书最后一章，我们总结了这一领域先进的关键算法，介绍了 3 种不同先进算法的核心概念，这 3 种算法都有自己的独特元素和分类（演员-评论家/基于策略/基于值函数）。

我们讨论了深度确定性策略梯度算法，这是一种用确定性策略取代传统随机性策略的演员-评论家架构方式，并且在很多连续控制任务上有很好的性能。

随后，我们介绍了 PPO 算法，这是一种基于策略梯度的算法，它用简略版的 TRPO 目标来学习了一个单调优化且稳定的策略，并在 Dota 2 这种环境中取得了成功。

最后，我们介绍了 Rainbow 算法。它是基于值且整合了包括 DQN、双 Q-Learning、优先经验回放、竞争网络、多步学习/n 步学习、分布表示强化学习和噪声网络这些受欢迎的 Q-Learning 算法扩展的方法。Rainbow 在 57 种 Atari 标准集上取得了明显更好的性能，同时在 OpenAI Retro 竞赛的迁移学习任务上也表现出众。

现在，我们来到了本书的最后一个段落！希望你享受本次学习之旅，从中学到了很多，收获了很多实现智能体的算法，并学到了在你所选的环境/问题中训练、测试的实战技巧。你可以用本书代码库中的问题跟踪系统来报告与代码相关的问题，也可以提出你想讨论的话题或者为后续进阶学习提出参考意见和指导建议。